Stichprobenverteilungen partieller Rangkorrelationskoeffizienten

UB Siegen
61 TKO2001

D1725575

Europäische Hochschulschriften

Publications Universitaires Européennes
European University Studies

Reihe V

Volks- und Betriebswirtschaft

Série V Series V

Sciences économiques, gestion d'entreprise
Economics and Management

Bd./Vol. 277

PETER D. LANG
Frankfurt am Main · Bern · Cirencester/U.K.

Klaus Sticker

Stichprobenverteilungen partieller Rangkorrelations-koeffizienten

PETER D. LANG
Frankfurt am Main · Bern · Cirencester/U.K.

CIP-Kurztitelaufnahme der Deutschen Bibliothek

Sticker, Klaus:

Stichprobenverteilungen partieller Rangkorrela=
tionskoeffizienten / Klaus Sticker. - Frankfurt
am Main, Bern, Cirencester/U.K. : Lang, 1980.
(Europäische Hochschulschriften : Reihe 5,
Volks- u. Betriebswirtschaft ; Bd. 277)
ISBN 3-8204-6053-5

Aus dem Bestand der
Universitätsbibliothek
Siegen ausgeschieden

Universitätsbibliothek
– Siegen –

Standort: S 61
Signatur: TKO 2001
Akz.-Nr.: 80/43944
Id.-Nr.: A804010782

ISBN 3-8204-6053-5

© Verlag Peter D. Lang GmbH, Frankfurt am Main 1980

Alle Rechte vorbehalten.
Nachdruck oder Vervielfältigung, auch auszugsweise, in allen Formen
wie Mikrofilm, Xerographie, Mikrofiche, Mikrocard, Offset verboten.

Druck: fotokop Wilhelm Weihert KG, Darmstadt

Inhaltsverzeichnis

1 Einleitung

Rangkorrelationskoeffizienten finden in den letzten Jahren in der praktischen Anwendung immer größere Resonanz. Es sind vor allem Disziplinen wie Medizin, Biologie, Psychologie, Soziologie und nicht zuletzt die Wirtschaftswissenschaften, die mit dem Instrumentarium der "klassischen" Korrelationsanalyse ihre statistischen Probleme nicht adäquat zu lösen vermögen.

Hierfür sind in erster Linie zwei Gründe maßgebend: zum einen sieht man vielfach für die interessierenden Merkmale die strengen Voraussetzungen der Normalität nicht annähernd erfüllt - dies trifft beispielweise für weite Bereiche der Medizin und der Biologie zu - oder man ist oft außerstande, Merkmale mit höherem als ordinalem Informationsgehalt zu beobachten; mit dieser Situation haben sich insbesondere Soziologen und Psychologen abzufinden.

Parallel zu dem Ausbau des inzwischen umfangreichen methodischen Konzepts der metrischen Korrelationsverfahren wurden daher Verfahren zur Korrelationsanalyse entwickelt, die versuchen, dem ordinalen Informationsniveau der zu untersuchenden Merkmale zu entsprechen. Einer bereits 1948 in erster Auflage publizierten und immer wieder auf den neuesten Stand der Forschung gebrachten Darstellung von KENDALL kommt in dem Zusammenhang zweifelsfrei die größte Bedeutung zu (vgl. KENDALL 1975).

Für die induktive Verwendung nutzbar geworden sind Teilbereiche der Rangkorrelationsverfahren jedoch erst mit Hilfe moderner Rechenanlagen. Der enormen technologischen Entwicklung der Computerwissenschaften ist es unter anderem zuzuschreiben, daß für die Korrelationsanalyse zweier Rangreihen die exakten Stichprobenverteilungen zumindest einiger Koeffizienten inzwischen für hinreichend große Stichprobenumfänge bekannt sind. Bei der Analyse von mehr als zwei Rangreihen stößt man bei der Ermittlung der Stichprobenverteilungen jedoch an die Kapazitätsgrenzen selbst hochentwickelter Rechner der neuesten Generation.

Die vorliegende Untersuchung beschäftigt sich mit einem Teilbereich der Korrelationsanalyse für drei und mehr Rangreihen, der partiellen Rangkorrelationsanalyse.

Eine Behandlung möglichst vieler Konzepte partieller Rangkorrelationen wird dabei nicht angestrebt, zugunsten einer intensiven Beleuchtung des SPEARMANschen und des KENDALLschen Rangkorrelationskoeffizienten. Im Mittelpunkt steht die Partialisierung dieser Konzepte und die Entwicklung von exakten und approximativen Wahrscheinlichkeitsverteilungen zur Vorbereitung induktiver Verwendungsmöglichkeiten für kleine und mittlere Stichprobenumfänge.

Zuvor werden im zweiten Kapitel grundlegende statistische Begriffe erläutert und die unterschiedlichen Informationsniveaus statistischer Merkmale rekapituliert. Im Hinblick auf das Untersuchungsziel werden kurz Merkmalsbeziehungen und Merkmalszusammenhänge voneinander abgegrenzt und die Bezeichnungen "Parameter" und "Stichprobenfunktion" eingeführt.

Kapitel drei gibt eine knappe Orientierung über Grundlagen und Voraussetzungen der Zusammenhangsanalyse metrischer und komparativer Merkmale.

Die Korrelationsanalyse für zwei Rangreihen wird im vierten Kapitel anhand der SPEARMANschen und der KENDALLschen Stichprobenfunktion dargestellt. Einige Bemerkungen zu den Vorgehensweisen bei der Berechnung deren exakter Stichprobenverteilungen beschließen das Kapitel.

In Kapitel fünf werden die im vierten Kapitel dargestellten Stichprobenfunktionen für drei Rangreihen partialisiert und Algorithmen zur Berechnung der exakten Stichprobenverteilungen entwickelt. Auf der Grundlage exakter Momente und simulativ bestimmter Stichprobenmomente werden aus bereitgestellten Funktionsklassen (vgl. Anhang A) Approximationen der exakten Stichprobenverteilungen ermittelt und deren Approximationsqualität durch geeignete Maßzahlen einzeln beurteilt. Das Kapitel endet mit der Konstruktion exakter und approximativer Tests zur signifikanzkritischen Beurteilung von Hypothesen über Unkorreliertheiten von (Rang-) Merkmalspaaren unter Ausschaltung von Einflüssen dritter Merkmale auf das interessierende Paar.

Kapitel sechs enthält die Darstellung der Konzeption von PARANK, einem FORTRAN IV-Programm zur partiellen Rangkorrelationsanalyse (vgl. auch Anhang C). Die Funktionsweisen der in PARANK enthaltenen Testalgorithmen werden anhand von Programmablaufplänen erläutert und deren Ergebnisse durch Anwendungsbeispiele ausführlich demonstriert.

Im siebten Kapitel schließlich wird in Form eines Ausblicks an die Möglichkeiten und Grenzen von Verallgemeinerungen der partiellen Korrelationsanalyse für mehr als drei Rangreihen herangeführt.

Die zu den Berechnungen für diese Arbeit notwendigen FORTRAN- und BASIC-Programme wurden auf den Rechenanlagen CYBER 76/72 der CONTROL DATA CORP. des Rechenzentrums der Universität zu Köln, sowie der 2200 B der Fa. WANG des Seminars für Wirtschafts- und Sozialstatistik der Universität zu Köln entwickelt; die Zeichnungen wurden mit den Trommelplottern CALCOMP 565 und WANG 2272 erstellt.

2 Begriffe und Abgrenzungen

21 Begriff des statistischen Merkmals

Eine statistische Untersuchung bezieht sich auf eine abgegrenzte Menge von Einheiten oder Ereignissen (Grundgesamtheit), die Träger bestimmter Informationen sind. Von den Informationen, die die Einheiten der Grundgesamtheit kennzeichnen, werden nur diejenigen berücksichtigt, die dem Untersuchungszweck entsprechen (vgl. BUTTLER/STROH 1976, S. 13). Sie werden als statistische Merkmale bezeichnet, für die Einheiten benutzt man auch den Begriff "Merkmalsträger".

Statistische Merkmale (Untersuchungsmerkmale), im folgenden kurz Merkmale genannt, besitzen wenigstens zwei Merkmalsausprägungen. "Die Zuordnung von Merkmalswerten zu den Einheiten heißt Messung" (vgl. SCHÄFFER 1976, S. 5).[1] Die Meßvorschriften können sich im Extremfall darauf beschränken, die Gleichheit oder Ungleichheit von Merkmalen in bezug auf ihre Ausprägungen in Symbolen festzuhalten (vgl. WETZEL 1971, S. 19).

Beim Einsatz statistischer Verfahren ist der unterschiedliche Informationsgehalt der Merkmale von entscheidender Bedeutung. Im allgemeinen unterscheidet man danach drei Arten von Merkmalen: klassifikatorische, komparative und metrische Merkmale (vgl. BUTTLER/STROH 1976, S. 20).

22 Skalierung statistischer Merkmale

Den geringsten Informationsgehalt haben klassifikatorische Merkmale. Zwischen den Merkmalsausprägungen, die auf einer Nominalskala gemessen werden, ist lediglich die Unterscheidung "gleich" oder "ungleich" zugelassen. Eine Nominalskala läßt Transformationen zu, die unter-

---

1) Zum Begriff des statistischen Messens vgl. auch KOLLER (1956, S. 316), PFANZAGL (1962, S. 9) und STEVENS (1951, S. 22).

schiedlichen Merkmalsausprägungen wiederum unterschiedliche Bezeichnungen und identischen Merkmalsausprägungen auch wieder identische Zahlen oder Symbole zuordnen. Sie ist invariant gegenüber allen eineindeutigen Transformationen (vgl. BÜNING/TRENKLER 1978, S. 20). Als Beispiele für klassifikatorische Merkmale werden häufig Geschlecht, Familienstand und Beruf angeführt. Wesentlich ist, daß, selbst wenn man den Ausprägungen Zahlen zuweist, diese lediglich eine Bezeichnungsfunktion erfüllen, für die arithmetische Operationen nicht zugelassen sind (vgl. WETZEL 1971, S. 20).

Läßt sich zu den auf einer Nominalskala definierten Relationen für die Merkmalsausprägungen eine Ordnungsbeziehung sinnvoll festlegen, erfordert dies eine Skalenerweiterung, die diese zusätzlichen Informationen aufnehmen kann. Beispiele für eine solche Merkmalsart sind: Schulnoten, sozialer Status, Beliebtheit von Politikern. Die Ausprägungen solcher, komparativer, Merkmale "werden auf Ordinalskalen gemessen, d.h., es werden ihnen in der Regel ganze Zahlen (Rangwerte) zugeordnet" (vgl. VOGEL 1973, S. 9). Aufgrund dieser Zuordnungsvorschrift werden komparative Merkmale auch Rangmerkmale genannt. Ordinalskalen sind wegen ihres größeren Informationsgehalts bereits empfindlicher gegenüber Skalentransformationen. "Es sind hier nur echt monotone Transformationen zulässig, d.h., wir müssen uns nun mit einer Teilklasse der eineindeutigen Abbildungen begnügen, um einen Verlust des Meßniveaus zu verhindern" (vgl. BÜNING/TRENKLER 1978, S. 21).

Von allen Merkmalsarten besitzen metrische Merkmale das höchste Informationsniveau. Als Beispiele sind hier aufzuführen: Einkommen, Körpergröße, Alter. Für die Ausprägungen der auf einer metrischen Skala (Kardinalskala) gemessenen Merkmale ist zusätzlich zu allen bisher angegebenen Relationen die Definition eines Abstandes notwendig. "Während bei der Ordinalskala die Abstände zwischen den zugewiesenen Meßwerten keinen Informationswert haben bzw. nicht definiert sind, ist jetzt die Kenntnis einer solchen Differenz von großem Belang" (vgl. BÜNING/TRENKLER 1978, S. 21). Kardinalskalen sind nur noch invariant gegenüber linearen Transformationen.

Die in der Aufzählung hervorgehobene Hierarchie der Merkmalsarten bezüglich ihres Informationsgehalts ist bei der Auswahl eines statistischen Verfahrens zu berücksichtigen, es muß "skalenadäquat" sein. Während ein für ein hohes Skalenniveau konzipiertes Verfahren nicht auf informationsärmere Merkmalsarten angewendet werden darf, ist der umgekehrte Weg prinzipiell gangbar. Er muß jedoch möglicherweise mit einem erheblichen Informationsverlust erkauft werden (vgl. BUTTLER/STROH 1976, S. 22).

23 Merkmalsbeziehungen und Merkmalszusammenhänge

Für die Erscheinungen und Prozesse in Natur und Gesellschaft existiert ein objektives, allumfassendes Beziehungsgefüge. Da dies im besonderen für Vorgänge und Strukturen im wirtschafts- und sozialwissenschaftlichen Bereich gilt, gewinnt die gleichzeitige Untersuchung mehrerer Merkmale immer größere Bedeutung. Von besonderem Belang sind dabei Umfang und Richtung der Beziehungen zwischen zwei oder mehr Merkmalen.

Zusätzlichen Aufschluß liefert die Charakterisierung der Merkmalsbeziehungen. Nach dem Grad der Bestimmtheit unterscheidet man funktionale und stochastische Beziehungen.

Merkmale sind funktional oder deterministisch miteinander verknüpft, wenn die Veränderung einer Merkmalsausprägung eine eindeutige Veränderung einer anderen Merkmalsausprägung impliziert. Physikalisch-mathematische Gesetzmäßigkeiten, kaum jedoch wirtschaftliche Vorgänge sind durch deterministische Modelle abbildbar.

Stochastische Beziehungen hingegen liegen dann vor, wenn zufällige Störgrößen wirksam werden, die die beschriebene Eindeutigkeit ausschalten.

Eine Unterscheidung nach der Richtung der Einflußnahme zwischen Merkmalen oder Merkmalsgruppen sieht eine Aufteilung in gerichtete und ungerichtete Beziehungen vor.

Die einseitige Einflußnahme einer Gruppe von Merkmalen ist konstitutiv für das Vorhandensein einer gerichteten Merkmalsbeziehung. Eine Trennung in unabhängige (Prädiktoren) und abhängige (Prädikanden) Merkmalsgruppen ist nur hier sinnvoll.

Fehlt hingegen eine vorgegebene Beeinflussungsrichtung, spricht man von ungerichteten Merkmalsbeziehungen und belegt dies mit der Bezeichnung "Merkmalszusammenhang" (vgl. SCHÄFFER 1976, S. 6).

24 Parameter und Stichprobenfunktionen

Informationen über Merkmalszusammenhänge in einer Grundgesamtheit lassen sich durch eine Totalerhebung oder aufgrund von Teilerhebungen gewinnen. Es fallen hierbei nicht nur wirtschaftliche Gesichtspunkte ins Gewicht, die eine Totalerhebung nicht zweckmäßig erscheinen lassen; im Bereich der statistischen Qualitätskontrolle sind Teilerhebungen darüber hinaus immer dann unerläßlich, wenn mit der Prüfung der Qualität eines Produktes seine Vernichtung verbunden ist.

Für die Methoden der schließenden Statistik sind solche abgegrenzte Teilmengen der Grundgesamtheit - man belegt sie üblicherweise mit dem Begriff "Stichprobe" - von grundlegender Bedeutung. Da in der Regel Zufallsmechanismen darüber bestimmen, welche Einheiten in die Teilmenge gelangen, findet die Bezeichnung "Zufallsstichprobe" ebenso Verwendung. Im folgenden können beide Begriffe synonym benutzt werden, da die vorliegende Untersuchung - wenn Stichproben herangezogen werden - ausschließlich auf Zufallsstichproben basiert.

Die Informationen der Grundgesamtheit sind durch bestimmte Größen auf das für die jeweilige Untersuchung Wesentliche reduzierbar. Derartige Größen werden "Parameter" genannt, mehrere Parameter werden zu einem

Parametervektor zusammengefaßt.

Bei der Vielzahl möglicher Parameter, die die Verteilungen von Merkmalsausprägungen in einer Grundgesamtheit charakterisieren, ist an dieser Stelle vor allem eine Unterscheidung in zwei Arten von Parametern zweckmäßig: in Scharparameter und Funktionalparameter.

Scharparameter sind Kenngrößen spezieller Wahrscheinlichkeitsverteilungen. Sie legen eine zu einer (parametrischen) Schar von Verteilungsfunktionen

$$F_{X_1,\ldots,X_m}(x_1,\ldots,x_m \mid \theta_1,\ldots,\theta_r)$$

gehörige Verteilungsfunktion eindeutig fest. Die Scharparameter

$$\theta_1 = \mu^* \quad \text{und} \quad \theta_2 = \sigma^*$$

beispielweise spezifizieren eine bestimmte Normalverteilung $N(\mu^*,\sigma^*)$ aus der Familie aller Normalverteilungen $N(\mu,\sigma)$. Ein bedeutender Bereich der induktiven Statistik befaßt sich mit dem Schätzen und Testen solcher Scharparameter.

Anders verhält es sich mit Funktionalparametern. Sie legen im allgemeinen die Verteilungsfunktion

$$F_{X_1,\ldots,X_m}(x_1,\ldots,x_m)$$

nicht eindeutig fest. Durch eine Vorschrift wird der Verteilungsfunktion ein Wert, der Funktionalparameter, zugeordnet, ohne sie damit im allgemeinen eindeutig zu spezifizieren. Erwartungswerte, Quantile, Modalwerte sind Beispiele solcher Zuordnungen. Ein wichtiger Funktionalparameter zur Charakterisierung von Merkmalszusammenhängen ist der Korrelationskoeffizient einer Grundgesamtheit, dem in der vorliegenden Untersuchung besondere Bedeutung zukommt.

Damit Zufallstichproben für Aussagen über Parameter der Gesamtheit herangezogen werden können, ist die Definition einer dem Parameter entsprechenden Kenngröße in der Stichprobe sinnvoll. Man nennt eine solche Kenngröße "Stichprobenfunktion" (V_n) und versteht darunter "eine Zufallsvariable[1], die selbst eine Funktion einer Stichprobe ... ist" (vgl. FISZ 1976, S. 395) und "die keine unbekannten Parameter (mehr) enthält" (vgl. SCHÄFFER 1978, S. 44).

Von außerordentlichem Interesse ist vielfach die Verteilung solch einer Stichprobenfunktion V_n. Die Kenntnis dieser "Stichprobenverteilung" eröffnet die Möglichkeit einer über die rein deskriptive Bearbeitung hinausgehenden statistischen Analyse.

In diesem Zusammenhang interessiert vor allem zweierlei: einmal kommt es darauf an, möglichst für jedes natürliche n die Verteilung von V_n exakt zu ermitteln - ein Aspekt, dem große praktische Bedeutung insbesondere dann zukommt, wenn die Anzahl der Beobachtungen klein ist; zum anderen möchte man häufig wissen, welche Grenzverteilung die Stichprobenfunktion V_n für $n \to \infty$ besitzt (vgl. FISZ 1976, S. 395).

Die Ermittlung einer exakten Stichprobenverteilung stößt vielfach auf Schwierigkeiten, weil man es nicht mit einer durch einen Parametervektor spezifizierten Verteilungsschar zu tun hat oder gar die gesuchte Verteilung nicht analytisch darstellbar ist.

Einige der nachfolgenden Kapitel beschäftigen sich - beschränkt auf ein Teilgebiet der Zusammenhangsanalyse - mit der Ermittlung eben solcher Verteilungen, die keine analytische Darstellungsform besitzen.

---

1) Zum Begriff der Zufallsvariablen vgl. FISZ 1976, S. 48.

3 Grundlagen der Korrelationsanalyse

"Korrelation" kann allgemein mit "Zusammenhang" übersetzt werden. Präziser gesagt handelt es sich um den wechselseitigen stochastischen Zusammenhang zwischen statistischen Merkmalen (vgl. FÖRSTER/EGERMAYER 1966, S. 36) - im Gegensatz zur "Regression", die einseitige, gerichtete Abhängigkeiten ausdrückt.

Ein wesentlicher Inhalt der Korrelationsanalyse besteht - neben der Deskriptionsaufgabe - darin, anhand von Stichproben interessierende Hypothesen über Zusammenhänge von Merkmalen durch adäquate statistische Tests zu überprüfen.

Neben der Untersuchung von zwei Merkmalen (einfache Korrelation) bietet die Korrelationsanalyse dazu zwei Vorgehensweisen zur Beleuchtung komplexer Zusammenhänge, die sich in ihrer Zielsetzung grundsätzlich unterscheiden: die multiple und die partielle Korrelationsanalyse. Während man im ersten Fall nach dem Zusammenhang zwischen einem Merkmal und der Restmenge aller übrigen Merkmale fragt, gibt die partielle Analyse Aufschluß über stochastische Zusammenhänge zwischen zwei Merkmalen unter Ausschaltung möglicher Einflüsse der restlichen Merkmalsgruppe auf das interessierende Paar.

Die Auswahl und Anwendung geeigneter Methoden zur Zusammenhangsanalyse wird durch das Untersuchungsziel bestimmt. Sie können in praxi jedoch schon allein deshalb nur Teil einer Gesamtuntersuchung sein, weil sich komplexe Ursache-Wirkung Beziehungen nur schwerlich auf den stochastischen Zusammenhang zwischen m Merkmalen reduzieren lassen. "Die sachliche Deutung gefundener Zusammenhänge liegt außerhalb der statistischen Methodenlehre" (vgl. KOLLER 1963, S. 65), besitzt aber bei der Aufdeckung kausaler Beziehungen mindestens den gleichen Stellenwert, wie die Methodik selbst.

31 Korrelation metrischer Merkmale

Die auf der Grundlage von Kardinalskalen für die einfache, multiple oder partielle Korrelationsanalyse bereitstehenden Koeffizienten sind Indikatoren für die Intensität des linearen Zusammenhangs zweier oder mehrerer Merkmale. Diese Einschränkung ist im Einzelfall auf ihre praktische (und theoretische) Richtigkeit zu überprüfen. Methoden zur nichtlinearen (oder kurvilinearen) Korrelationsanalyse bleiben zunächst der induktiven Verwendung weitgehend verschlossen, weil bisher nur wenige geeignete Stichprobenverteilungen spezifiziert werden konnten.

Mit Hilfe der Kenntnis der Wahrscheinlichkeitsverteilung der Stichprobenfunktionen gelingt es, Entscheidungen über die stochastischen Zusammenhänge der statistischen Merkmale in der Gesamtheit induktiv herbeizuführen.

Das ausgefeilteste Konzept hierfür existiert für bi - bzw. multivariat normalverteilte Gesamtheiten; die Überprüfung des (linearen) Zusammenhangs zwischen zwei oder mehr Merkmalen bereitet dann keinerlei Schwierigkeiten. Neben Programmpaketen und exakt tabellierten Verteilungen stehen dem Anwender eine Reihe von Approximationsmöglichkeiten zur Verfügung. Zudem folgt aus der Unkorreliertheit der Merkmale bei normalverteilten Gesamtheiten auch deren Unabhängigkeit, eine nicht zu verallgemeinernde Tatsache, die man sich bei der Formulierung von Unabhängigkeitshypothesen für nicht normalverteilte Grundgesamtheiten stets vor Augen halten sollte.

Die Schätzqualitäten der nicht auf Normalverteilungen beruhenden metrischen Stichprobenkorrelationskoeffizienten R für die Parameter ρ vermindern sich erheblich und darauf aufbauende Signifikanzprüfungen verlieren ihren Aussagegehalt.

Untersuchungen über die Stichprobenverteilungen einzelner Schätzer bzw. deren Transformationen liegen zwar unter allgemeineren Bedingungen vor, universell anwendbare Ergebnisse gibt es jedoch nicht (vgl. GAYEN 1951, S. 219).

Im allgemeinen greift man auch dann - trotz u.U. erheblicher Informationsverluste - auf Methoden der Rangkorrelationsanalyse zurück.

32 Korrelation komparativer Merkmale

Die für die Korrelationsanalyse augenfälligste Konsequenz aus der Reduktion des Informationsgehalts auf eine Ordinalskala sei zuerst erwähnt: waren die metrischen (Produktmoment-) Korrelationskoeffizienten noch Maße für den linearen Zusammenhang zweier (mehrerer) Merkmale, so führen bei ordinalen Korrelationsmaßen bereits monotone Zusammenhänge zu maximalen Korrelationen. Schlägt sich eine linear funktionale Merkmalsbeziehung in der Stichprobe nieder, so zeigen auf beiden Niveaus errechnete Maße maximale Korrelationen von ±1 an.[1] Wird die Linearität des Zusammenhangs jedoch durchbrochen, ohne daß die Monotonie ebenfalls verletzt wird, reagieren die ordinalen Maße überhaupt nicht.

Diese, den Informationsverlust beim Übergang von einem kardinalen zu einem ordinalen Meßniveau widerspiegelnde Eigenschaft ist gleichermaßen vor- und nachteilig. Bei normalverteilten Gesamtheiten führen Schätzungen der metrischen Funktionalparameter ρ durch Rangkorrelationskoeffizienten zu verminderten Qualitäten. Bei Stichprobenbefunden ohne metrischen Informationsgehalt hingegen sind Interpretationen linearer Zusammenhänge sehr mühsam.

Konsequenterweise postuliert man für die ordinalen Stichprobenfunktionen ebenfalls die Existenz von Funktionalparametern in der Gesamtheit. Die gesamte Klasse der Stichprobenfunktionen wird im folgenden mit dem Symbol V, die der Parameter mit Γ bezeichnet. Ihre mathematische Definition hingegen ist, anders als bei den metrischen Parametern ρ, ungleich aufwendiger und komplizierter, vielfach sogar unmöglich (vgl. GIBBONS 1971, S. 205). "Eine solche Definition ist auch entbehrlich, soweit nur eine Unabhängigkeitsprüfung vorgenommen werden soll" (vgl. SCHAICH 1977, S. 284). Auf ernsthafte Schwierigkeiten stößt man jedoch bei der Konstruktion statistischer Tests, die über eine Unabhängigkeitsprüfung hinausgehen.

---

1) Maximale Rangkorrelationen $<|1|$ können auftreten, wenn die Zufallsstichprobe identische Stichprobenwerte (Bindungen) enthält.

4 Korrelationsanalyse für zwei Rangreihen

41 Voraussetzungen

Sei (X_1,X_2) eine zweidimensionale Zufallsvariable mit gemeinsamer stetiger Verteilungsfunktion F_{X_1,X_2}. Die konkrete Zufallsstichprobe

$$[(x_{11}, x_{21}), \ldots, (x_{1n}, x_{2n})]$$

bezeichne die Realisation einer einfachen Zufallsstichprobe[1)]

$$[(X_{11}, X_{21}), \ldots, (X_{1n}, X_{2n})]$$

vom Umfang n.

Die Stichprobenfunktionen, die Aufschluß geben sollen über stochastische Zusammenhänge zwischen den Zufallsvariablen X_1 und X_2, werden nun nicht aus der Zufallsstichprbe direkt konstruiert, sondern aus Abbildungen auf Vektoren

$$[(A_{111}, A_{211}), \ldots, (A_{1nn}, A_{2nn})]$$ [2)],

deren Abbildungsvorschriften im einzelnen noch festzulegen sind.

---

1) Man bezeichnet allgemein eine m-dimensionale Zufallsstichprobe $[(X_{11}, \ldots, X_{1m}), \ldots, (X_{1n}, \ldots, X_{mn})]$ als einfach, wenn die gemeinsame Verteilungsfunktion der zufälligen Vektoren $(X_{11}, \ldots, X_{1m})$, $\ldots$, $(X_{1n}, \ldots, X_{mn})$ darstellbar ist als

$$F_{X_{11}, \ldots, X_{mn}}(x_{11}, \ldots, x_{mn}) = \prod_{i=1}^{n} F_{X_{1i}, \ldots, X_{mi}}(x_{1i}, \ldots, x_{mi})$$
$$= \prod_{i=1}^{n} F_{X_1, \ldots, X_m}(x_{1i}, \ldots, x_{mi}).$$

Die stochastische Unabhängigkeit der Zufallsvariablen $(X_1, \ldots, X_m)$ ist damit noch nicht vorausgesetzt.

2) Der zusätzliche Index ergibt sich aus Differenzenbildungen (vgl. dazu S. 19)

42 Darstellung der Stichprobenfunktionen

Nach DANIELS (1944, S. 128) läßt sich - auf der Grundlage der A_{kij}, ($k = 1, 2; i,j = 1, \ldots, n$) eine allgemeine Stichprobenfunktion definieren, die eine Reihe von Korrelationskoeffizienten als Spezialfälle beinhaltet:

$$(4.1)^{1)} \quad V_{12} = \frac{\sum\limits_{i}\sum\limits_{j} A_{1ij} \cdot A_{2ij}}{\sqrt{(\sum\limits_{i}\sum\limits_{j} A_{1ij}^2) \cdot (\sum\limits_{i}\sum\limits_{j} A_{2ij}^2)}}$$

Speziell soll gelten

$$\left.\begin{array}{l} A_{1ij} = - A_{1ji} \\ A_{2ij} = - A_{2ji} \end{array}\right\} \quad \text{für alle } i \neq j$$

$$A_{1ij} = A_{2ij} = 0 \quad \text{für } i = j,$$

$$V_{12} \in [-1,1].$$

1) Die Doppelsumme $\sum\limits_{i=1}^{n} \sum\limits_{j=1}^{n}$ sei im folgenden kurz als $\sum\limits_{i}\sum\limits_{j}$ formuliert; genauso wird mit den Einfachsummen $\sum\limits_{i=1}^{n}$ und $\sum\limits_{j=1}^{n}$ bzw. anderen Indizes verfahren.

421 Der SPEARMANsche Koeffizient R^*_{12}

Die Elemente der konkreten Zufallsstichprobe vom Umfang n seien zunächst - getrennt für jede der beiden Zufallsvariablen - aufsteigend geordnet nach

$$x_{k(i)} < x_{k(i+1)} \qquad \text{für } k = 1, 2;\ i = 1, \ldots, n-1 .$$

Der so geordneten konkreten Zufallsstichprobe

$$[(x_{1(1)}, \ldots, x_{1(n)}), (x_{2(1)}, \ldots, x_{2(n)})]$$

seien Rangnummern $p_{k(i)} = i,\ i \in \mathbb{N}$ zugewiesen nach

$$x_{k(i)} \Longrightarrow p_{k(i)} .$$

So enthalten die ungeordneten Vektoren

$$[(p_{11}, p_{21}), \ldots, (p_{1n}, p_{2n})]$$

die Rangnummern der konkreten (ungeordneten) Zufallsstichprobe vom Umfang n. Vermöge der Zuordnung

$$(4.2) \qquad a_{kij} := p_{ki} - p_{kj} \qquad \text{für } k = 1, 2;\ i,j = 1, \ldots, n$$

erhält man aus der Realisation der allgemeinen Stichprobenfunktion (4.1)

$$(4.3) \qquad v_{12} = \frac{\sum\limits_{ij}\sum (p_{1i} - p_{1j}) \cdot (p_{2i} - p_{2j})}{\sqrt{[\sum\limits_{ij}\sum (p_{1i} - p_{1j})^2] \cdot [\sum\limits_{ij}\sum (p_{2i} - p_{2j})^2]}}$$

und nach einiger elementarer Algebra die Realisation des SPEARMANschen Rangkorrelationskoeffizienten

$$(4.4) \qquad r^*_{12} = 1 - \frac{6 \sum_i (p_{1i} - p_{2i})^2}{n^3 - n} \quad .$$

Hierbei berücksichtigt man bei Zähler und Nenner:

$$\sum_{ij}\sum (p_{1i} - p_{1j})(p_{2i} - p_{2j}) = \frac{1}{6} n^2 (n-1) - n \sum_i (p_{1i} - p_{2i})^2$$

und $$\sum_{ij}\sum (p_{ki} - p_{kj})^2 = \frac{1}{6} n^2 (n-1) \quad \text{für } k = 1, 2.$$

Die Interpretation von (4.4) als Zufallsvariable beschreibt die SPEARMANsche Stichprobenfunktion als

$$(4.5) \qquad R^*_{12} = 1 - \frac{6 \sum_i (P_{1i} - P_{2i})^2}{n^3 - n} \quad .$$

Die bei der Konstruktion von R^*_{12} nach (4.2) vorgenommene Zuordnung von Rangdifferenzen durchbricht die Vorstellung von einem Rangkorrelationsmaß. Zur Ermittlung der Realisation der Stichprobenfunktion werden Differenzen von Rangwerten gebildet, implizit somit den "größer" - "kleiner" - Beziehungen der Ordinalskala einheitliche Abstände oktroyiert. "Man setzt hierbei voraus, daß die Intervalle zwischen aufeinanderfolgenden Rangwerten gleich sind, welche Voraussetzung im Hinblick auf die Rangwerte trivial ist, nicht jedoch in bezug auf die zu repräsentierenden Merkmalswerte" (vgl. LIENERT 1973, S. 591). Um dem SPEARMANschen Maß nicht die Anwendbarkeit auf komparative Merkmale absprechen zu müssen, hat man in einigen Interpretationsansätzen versucht, ordinale Zähl- von kardinalen Meßdifferenzen zu unterscheiden (vgl. z.B. KENDALL 1975, S. 1).

Trotz der unbestritten großen Bedeutung des Koeffizienten nach SPEARMAN für die Rangkorrelationsanalyse sollten diese, implizit in die Konstruktion einfließenden, Voraussetzungen vom Anwender bedacht werden.

Den der Stichprobenfunktion R^*_{12} entsprechenden Funktionalparameter zu spezifizieren, bereitet aus diesem Grunde ebenfalls große Schwierigkeiten.

Nach GIBBONS (1971, S. 236) existiert ein gewisses "intuitive appeal" als Schätzer für das metrische ρ_{12}. Bei ihr findet sich die Definition eines Funktionalparameters ρ^{*}_{12}, für den R^{*}_{12} ein zumindest asymptotisch unverzerrter[1] Schätzer ist.

422 Der KENDALLsche Koeffizient T_{12}

Die Indikatorvariablen a_{kij} der konkreten Zufallsstichprobe vom Umfang n seien diesmal definiert als

$$(4.6) \qquad a_{kij} := \begin{cases} 1 & \text{falls } x_{ki} < x_{kj} \\ 0 & \text{falls } i = j \\ -1 & \text{falls } x_{ki} > x_{kj} \end{cases} \qquad \text{für } k = 1, 2 \text{ und } i = 1, \ldots, n.$$

Auf diese Weise sind n^2 Paare (a_{1ij}, a_{2ij}) bestimmt, die die Information der Stichprobe noch stärker reduzieren, als dies durch die Abbildung der Variablenwerte auf Rangnummern bei SPEARMANs R^{*}_{12} schon geschehen ist.

Anders als beim vorweg behandelten Maß, bei dem die Interpretation von Rangdifferenzen einige Schwierigkeiten macht (vgl. auch Abschnitt 421), hat man hier keine Mühe, eine saubere ordinalskalen-adäquate Variablentransformation zu erkennen. Diese formale Klarheit bringt bei der Definition des Funktionalparameters der Gesamtheit entscheidende Vorteile, sie gelingt ohne Komplikationen.

Vereinbart man

$$2\,s = \sum_{i}\sum_{j} a_{1ij} \cdot a_{2ij}$$

---

1) Zum Begriff des unverzerrten Schätzers vgl. z.B. FISZ 1976, S. 537.

und berechnet

$$\sum_{ij}\sum a^2_{kij} = n\,(n-1) \qquad \text{für } k = 1,\ 2,$$

so überführt man die Realisation der allgemeinen Stichprobenfunktion

$$(4.7) \qquad v_{12} = \frac{\sum\sum_{ij} a_{1ij} \cdot a_{2ij}}{\sqrt{(\sum\sum_{ij} a^2_{1ij}) \cdot (\sum\sum_{ij} a^2_{2ij})}}$$

bequem in den speziellen Rangkorrelationskoeffizienten

$$(4.8) \qquad t_{12} = \frac{2\,s}{n\,(n-1)} \quad .$$

Hierbei sei durch s die Summe aller konkordanten und diskordanten[1] Paare

$$(x_{1i} - x_{1j}) \cdot (x_{2i} - x_{2j})$$

gekennzeichnet. Der Betrag 2 s korrigiert die doppelte Berücksichtigung der Summanden als

$$(x_{ki} - x_{kj}) \quad \text{und} \quad (x_{kj} - x_{ki}).$$

Die KENDALLsche Stichprobenfunktion sei ebenfalls als Zufallsvariable notiert:

$$(4.9) \qquad T_{12} = \frac{2\,S}{n\,(n-1)} \quad .$$

Der Funktionalparameter

$$(4.10) \qquad \tau_{12} = \pi_c - \pi_d$$

---

1) Konkordante Paare $(x_{ki} - x_{kj})$ liefern einen positiven, diskordante Paare $(x_{ki} - x_{kj})$ einen negativen Beitrag von 1 zur Summe s.

mit $\pi_c = P\{(X_{1i} - X_{1j})(X_{2i} - X_{2j}) < 0\}$

und $\pi_d = P\{(X_{1i} - X_{1j})(X_{2i} - X_{2j}) > 0\}$

wird bei jeder Gesamtheit (mit nicht notwendig stetiger Verteilungsfunktion) und für jedes beliebige τ_{12} erwartungstreu und konsistent durch T_{12} geschätzt (vgl. GIBBONS 1971, S. 209).

43 Verteilungen der Stichprobenfunktionen

Bisher sind die Wahrscheinlichkeitsverteilungen der SPEARMANschen und KENDALLschen Stichprobenfunktionen erst nach der Voraussetzung der Unabhängigkeit der Zufallsvariablen X_1 und X_2 bestimmbar, allgemeinere Arbeiten gibt es nur vereinzelt (vgl. z.B. HOTELLING/PABST 1936, S. 29). Obwohl es auch dann nicht möglich ist, die exakten Verteilungen einer der beiden Stichprobenfunktionen analytisch zu ermitteln, sind zumindest die für Tests interessanten "Ränder" der Verteilungen der seit einiger Zeit für beachtliche Stichprobenumfänge maschinell ermittelt und dem Anwender in Tabellen- oder Programmform zugänglich.

Zusätzlich zu den unter Abschnitt 41 gemachten Voraussetzungen sei zu diesem Zweck vereinbart, daß die Zufallsvariablen X_1 und X_2 voneinander unabhängig sind, ihre (gemeinsame) Verteilungsfunktion F_{X_1,X_2} also durch das Produkt

$$F_{X_1,X_2} = F_{X_1} \cdot F_{X_2}$$

ihrer (stetigen) Randverteilungen darstellbar ist. Bildet man die konkrete Zufallsstichprobe

$$[(x_{11}, x_{21}), \ldots, (x_{1n}, x_{2n})]$$

auf ganzzahlige Rangwerte

$$[(p_{11}, p_{21}), \ldots, (p_{1n}, p_{2n})]$$

ab, so lassen sich für den gesamten Stichprobenraum die Vektoren der Rangpaare auf n! unterschiedliche Arten anordnen[1], die unter den Unabhängigkeitsvoraussetzung alle gleich wahrscheinlich sind. Aus der Kenntnis, daß jede einzelne Rangkonstellation mit der Wahrscheinlichkeit 1/n! realisiert werden kann, lassen sich die exakten Verteilungen der Stichprobenfunktionen ermitteln.

Neben der aufwendigen Totalenumeration aller Rangpermutationen existiert für eine der beiden Stichprobenfunktionen eine wesentlich elegantere Berechnungsmethode für die exakten Stichprobenverteilungen. Die Wahrscheinlichkeitsverteilung des dem KENDALLschen T_{12} funktional verbundenen S ist nach einem außerordentlich einfachen Schema für den Stichprobenumfang von n aus der Verteilung für n-1 rekursiv bestimmbar (vgl. KENDALL 1975, S.49). Eine Reihe von FORTRAN IV-Algorithmen sind aufgrund der KENDALLschen Rekursionsvorschrift entwickelt worden, die die Bestimmung der exakten Wahrscheinlichkeitsverteilungen bis zu einem Stichprobenumfang von n = 150 in vertretbarem Zeitaufwand garantieren (vgl. z.B. BEST/GIPPS 1974, S. 98).

Für die exakte Verteilung der SPEARMANschen Stichprobenfunktion R^*_{12} hingegen ist eine rekursive Erzeugungsvorschrift nicht bekannt. Die zur Verfügung stehenden Algorithmen bestimmen die Verteilung daher nur für - vergleichsweise - bescheidene Stichprobenumfänge. Eine von NUNNER (1968, S. 40) entwickelte, durch geschickte Programmstrukturierung bereits sehr effiziente Methode ermittelt die exakte Stichprobenverteilung bis n = 16. Andere Algorithmen approximieren die exakte Verteilung bereits wesentlich früher durch eine Grenzverteilung (vgl. etwa BEST/ROBERTS 1975, S. 377).

---

1) Hält man eine der beiden Rangreihen in irgendeiner Anordnung fest (etwa in der natürlichen Anordnung), so gibt es n! unterschiedliche Permutationsmöglichkeiten, jede Rangnummer der ersten Rangreihe mit jeder Rangnummer der zweiten Rangreihe zu kombinieren.

KENDALL (1975, S. 72) konnte zeigen, daß die Momente sowohl der SPEARMANschen als auch die seiner eigenen Stichprobenfunktion für $n \to \infty$ gegen die Momente der Normalverteilung konvergieren, womit ebenfalls die Konvergenz der Folge der exakten Stichprobenverteilungen gegen die Normalverteilung elegant nachgewiesen ist (vgl. KENDALL/STUART 1976, S. 118). Die Beweisführung wird besonders einfach, wenn man der Symmetrie der beiden Stichprobenverteilungen um den Nullpunkt Rechnung trägt, weil dann alle Momente ungerader Ordnung Null sind.

Die Kenntnis der Varianzen

$$(4.11) \qquad V\{R^*_{12}\} = \frac{1}{n - 1}$$

der SPEARMANschen und

$$(4.12) \qquad V\{T_{12}\} = \frac{2\,(2n + 5)}{9n\,(n - 1)}$$

der KENDALLschen Stichprobenfunktion in Abhängigkeit von n, ermöglicht die Heranziehung der Normalverteilung als Näherung für die exakten Wahrscheinlichkeitsverteilungen $F_{R^*_{12}}$ und $F_{T_{12}}$.

Besonders bei Berücksichtigung von Stetigkeitskorrekturen (vgl. KENDALL 1975, S. 80) führt die Approximation durch die Normalverteilung bei Stichprobenumfängen von $n > 15$ und Signifikanzniveaus von ca. 5% bereits zu erstaunlich guten Anpassungen an die unstetigen exakten Verteilungen beider (der SPEARMANschen und der KENDALLschen) Stichprobenfunktionen.

5 Partielle Korrelationsanalyse für drei Rangreihen

Anders als im Falle der Korrelationsanalyse für zwei Rangreihen sind bisher nur in vergleichsweise wenigen Arbeiten Verallgemeinerungen für drei und mehr Rangreihen untersucht worden. Obzwar schon relativ früh die ersten methodischen Vorstöße unternommen wurden (KENDALL 1942, HOEFFDING 1948, MORAN 1951), blieben selbst neuere Beiträge fast immer im Bereich der deskriptiven Analyse (PLOCH 1974, QUADE 1974, LEHMANN 1977). Ausnahmen bilden Arbeiten von GOODMAN (1959), HOFLUND (1963) und MAGHSOODLOO (1975).

Aus diesem Grunde gibt es - neben den hier behandelten Stichprobenfunktionen - noch eine Fülle von Maßen, von denen besonders die Abwandlungen des KENDALLschen T für gebundene Rangreihen bedeutungsvoll sind (vgl. GOODMAN/KRUSKAL 1954, SOMERS 1968, QUADE 1974), für die das Problem der induktiven Verwendbarkeit ebenfalls ungelöst ist.

51 Voraussetzungen

Sei (X_1,X_2,X_3) eine dreidimensionale Zufallsvariable mit der stetigen Verteilungsfunktion F_{X_1,X_2,X_3}. Den konkreten Wertetripeln

$$[(x_{11}, x_{21}, x_{31}), \ldots, (x_{1n}, x_{2n}, x_{3n})]$$

liege eine einfache Zufallsstichprobe

$$[(X_{11}, X_{21}, X_{31}), \ldots, (X_{1n}, X_{2n}, X_{3n})]$$

vom Umfang n zugrunde.

Schlüsse über stochastische Zusammenhänge zwischen den Zufallsvariablen

X_1, X_2 und X_3 werden einmal mehr nicht aus der konkreten Zufallsstichprobe selbst gezogen, sondern aus Abbildungen auf informationsärmere Variable A_{kij}:

$$[(A_{111}, A_{211}, A_{311}), \ldots, (A_{1nn}, A_{2nn}, A_{3nn})] .$$

Die stochastische Unabhängigkeit der (X_1,X_2,X_3) braucht für die Herleitung der aus den A_{kij} ermittelten Stichprobenfunktionen zur Schätzung (wechselseitiger) Zusammenhänge in der Gesamtheit nicht vorzuliegen, erst bei der Ermittlung der Stichprobenverteilungen sind diese Voraussetzungen unabdingbar.

52 Partialisierungskonzepte

In der Literatur werden verschiedene Techniken benutzt, mit denen sich Einflüsse von einem oder (m-2) Merkmalen auf Zusammenhänge zwischen zwei interessierenden Merkmalen bereinigen lassen. Eine ansprechende Zusammenstellung der gebräuchlichsten Methoden findet sich bei QUADE (1974, S. 373). Die dort aufgeführten "Concepts of Control" stellen unterschiedliche Anforderungen an die zu untersuchenden Merkmale.

Ein Verfahren - oft als "holding constant" bezeichnet - ermittelt einen partiellen Koeffizienten als Mittelwert von bedingten Rangkorrelationsmaßen. Diese Vorgehensweise ist besonders geeignet für geordnete Kontingenztafeln (vgl. MÜLLER 1975, S. 124), bei stark gebundenen Rangreihen also. GOODMAN und KRUSKALs G ist wohl der bekannteste Koeffizient dieser Bauart.

Ein weiteres Konzept verfährt nach der P roportional R eduction in E rror - Technik (PRE). Proportionale Fehlerreduktion bedeutet dabei die Verringerung desjenigen Fehlers in der Vorhersage von A_1 durch A_3, die dann entsteht, wenn zusätzliche Informationen - etwa über ein A_2 - in die Schätzung einfließen.

Derartige Maße werden auch für andere als partielle Fragestellungen benutzt; sie sind asymmetrisch, was bedeutet, daß gerichtete Beziehungen und nicht (wechselseitige) Zusammenhänge zwischen den Merkmalen untersucht werden. Außerdem sind sie außerstande, negative und positive Korrelationen zu unterscheiden.

Ein drittes Verfahren wurde von KENDALL (1975, S. 114) entwickelt und 1942 erstmalig auf seinen Rangkorrelationskoeffizienten T angewendet. Unter der Voraussetzung ungebundener Rangreihen wird anhand einer Vierfeldertafel eine Stichprobenfunktion

(5.1)[1] $$T_{12.3} = \sqrt{\frac{\chi^2}{n}}$$

ermittelt, die - und das ist entscheidend - nicht anhand der χ^2-Stichprobenverteilung induktiv analysiert werden kann, weil die Zellen der Vierfeldertafel nicht unabhängig voneinander definiert werden können. Durch elementare algebraische Umformungen konnte KENDALL den partiellen Rangkorrelationskoeffizienten in einer dem Produktmoment-Korrelationskoeffizienten analogen Form darstellen, kam jedoch zu dem Schluß, daß diese Übereinstimmung zwar "remarkable, but apparently ... only a coincidence" (vgl. KENDALL 1975, S.121) ist.

Durch die Verwendung eines Partialisierungskonzepts, das den Voraussetzungen des Abschnitts 51 Rechnung trägt, läßt sich demonstrieren, daß die von KENDALL als zufällig apostrophierte Übereinstimmung der Darstellungsformen keineswegs zufällig ist (vgl. HAWKES 1971, S. 917 u. bes. LEHMANN 1977, S. 229).

---

1) Die Schreibweise $T_{12.3}$ deutet an, daß Einflüsse der dritten Variablen auf die beiden interessierenden herausgerechnet wurden.

Diesem Konzept - bei QUADE als "adjusting for - concept" bezeichnet, liegt der Gedanke der metrischen partiellen Korrelation zugrunde. Man sucht eine Korrelation zwischen zwei Merkmalen, die unbeeinflußt sein soll von Störeinflüssen eines dritten Merkmals. Zur Ausschaltung des Störeinflusses bedient man sich der Residuen

$$(5.2)\qquad \begin{aligned} C_{1.3} &= A_1 - f(A_3) \\ C_{2.3} &= A_2 - g(A_3). \end{aligned}$$

Sind f und g lineare Funktionen von A_3, so gelingt es, den partiellen Rangkorrelationskoeffizienten mit Hilfe der linearen Regressionsanalyse in Analogie zum metrischen Pendant zu entwickeln.

53 Herleitung der Stichprobenfunktionen

Zunächst sei wieder eine allgemeine Stichprobenfunktion $V_{12.3}$ formuliert, aus der sich die partiellen Rangkorrelationskoeffizienten nach SPEARMAN und KENDALL als Spezialfälle entwickeln lassen und deren Bestandteile die in Abschnitt 52 definierten Residuen (vgl. (5.2)) sind:

$$(5.3)\qquad V_{12.3} = \frac{\sum\sum_{ij} C_{1.3ij}\, C_{2.3ij}}{\sqrt{(\sum\sum_{ij} C^2_{1.3ij})\,(\sum\sum_{ij} C^2_{2.3ij})}} \quad .$$

Dabei soll gelten

$$\left.\begin{aligned} C_{1.3ij} &= -\,C_{1.3ji} \\ C_{2.3ij} &= -\,C_{2.3ji} \end{aligned}\right\} \quad \text{für alle } i \neq j$$

$$C_{1.3ij} = C_{2.3ij} = 0 \quad \text{für } i = j,$$

$$V_{12.3} \in [\,-1,1\,].$$

Ein allgemeiner Korrelationskoeffizient der gleichen Bauart wurde von DANIELS (1944, S. 129) für die zweidimensionale Korrelationsanalyse formuliert (vgl. Abschnitt 42). SOMERS (1959, S. 241) und LEHMANN (1977, S. 229) konnten zeigen, daß er auch für multiple und partielle Fragestellungen Gültigkeit hat.

531 Der partielle Korrelationskoeffizient $R^*_{12.3}$ nach SPEARMAN

Dem Vektor der konkreten Wertetripel einer einfachen Zufallsstichprobe vom Umfang n seien nach folgender Zuordnungsvorschrift Rangnummern $p_{k(i)} = i$ zugewiesen:

$$x_{k(i)} \Longrightarrow p_{k(i)} \qquad \text{für } k = 1, 2, 3; \ i = 1, \ldots, n,$$

wobei $x_{k(i)}$ Elemente einer geordneten konkreten Zufallsstichprobe

$$[(x_{1(1)}, \ldots, x_{1(n)}), (x_{2(1)}, \ldots, x_{2(n)}), (x_{3(1)}, \ldots, x_{3(n)})]$$

sind, für die gilt

$$x_{k(i)} < x_{k(i+1)} \qquad \text{für } k = 1, 2, 3; \ i = 1, \ldots, n-1.$$

Die ungeordneten Vektoren

$$[\,(p_{11}, p_{21}, p_{31}), \ldots, (p_{1n}, p_{2n}, p_{3n})\,]$$

enthalten also die ganzzahligen Rangwerte der konkreten Zufallsstichprobe vom Umfang n.

Gemäß SPEARMANs Konstruktionsvorschrift für $r^*_{k\ell}$ $(k < \ell = 2, 3)$ sei auch hier vereinbart (vgl. (4.2), Abschnitt 421)

$$(5.4) \qquad a_{kij} := p_{ki} - p_{kj} \qquad \text{für } k = 1, 2, 3; \; j = 1, \ldots, n.$$

Man legt demnach zur Ermittlung der Stichprobenfunktion wiederum die Differenzen zwischen den Rangwerten zugrunde. Die daraus resultierenden Probleme sind in Abschnitt 421 bereits diskutiert worden, sie sollen nicht erneut aufgegriffen werden.

Bei der Konstruktion der Stichprobenfunktion ist die Zuordnungsvorschrift (5.4) nicht hinderlich, das Postulat der Äquidistanz macht die Partialisierung nach dem Konzept der linearen Regression erst möglich.

Für die Regressionsgeraden $f(A_3)$ und $g(A_3)$ sind zwei Besonderheiten wichtig. Zum einen fehlt das Absolutglied, da eine maximale Rangkorrelation nur durch eine durch den Koordinatenursprung verlaufende Gerade indiziert werden kann; zum anderen sind die Regressionskoeffizienten - also die Steigungen der Regressionsgeraden - gleich den einfachen SPEARMANschen Rangkorrelationskoeffizienten r^*_{13} bzw. r^*_{23}. Diese Tatsache wird sofort klar, wenn man sich erinnert, daß bei ungebundenen Rangreihen die Varianzen aller Rangreihen gleich sein müssen.

Nach Formel (5.3) ergibt sich als Realisierung des SPEARMANschen Koeffizienten

$$(5.5) \qquad r^*_{12.3} = \frac{\sum\limits_{i}\sum\limits_{j} c_{1.3ij} \; c_{2.3ij}}{\sqrt{(\sum\limits_{i}\sum\limits_{j} c^2_{1.3ij}) \; (\sum\limits_{i}\sum\limits_{j} c^2_{2.3ij})}}$$

nach dem Konzept der einfachen Korrelation für die Residuen $c_{1.3ij}$ und $c_{2.3ij}$.

Für die Residuen gilt

$$c_{1.3ij} = a_{1ij} - r^*_{13} \cdot a_{3ij}$$

$$c_{2.3ij} = a_{2ij} - r^*_{23} \cdot a_{3ij} \qquad \text{für } i,j = 1, \ldots, n.$$

Durch Einsetzen erhält man

$$r^*_{12.3} = \frac{\sum\sum_{ij} (a_{1ij} - r^*_{13}\, a_{3ij})\,(a_{2ij} - r^*_{23}\, a_{3ij})}{\sqrt{\left[\sum\sum_{ij} (a_{1ij} - r^*_{13}\, a_{3ij})^2\right]\left[\sum\sum_{ij} (a_{2ij} - r^*_{23}\, a_{3ij})^2\right]}} .$$

Im Zähler ergibt sich

$$\sum\sum_{ij} (a_{1ij}\, a_{2ij} - a_{1ij}\, a_{3ij}\, r^*_{23} - a_{2ij}\, a_{3ij}\, r^*_{13} + a^2_{3ij}\, r^*_{13}\, r^*_{23}).$$

Wegen

$$\sum\sum_{ij} a^2_{kij} = \frac{1}{6} n^2(n^2 - 1) \qquad \text{für } k = 1, 2, 3,$$

$$\sum\sum_{ij} a_{kij}\, a_{\ell ij} = \frac{1}{6} n^2(n^2 - 1) - n \sum_m d^2_{k\ell m} \qquad \text{für } k < \ell = 2, 3,$$

mit $\sum_m d^2_{k\ell m} = \sum_m (p_{km} - p_{\ell m})^2$

kann man den Zähler vereinfachen in

$$\left[\frac{1}{6} n^2(n^2-1) - n \sum_m d^2_{12m}\right] - \left[\frac{1}{6} n^2(n^2-1) - n \sum_m d^2_{13m}\right] \cdot r^*_{23} -$$

$$\left[\frac{1}{6} n^2(n^2-1) - n \sum_m d^2_{23m}\right] \cdot r^*_{13} + \frac{1}{6} n^2(n^2-1)\; r^*_{13}\; r^*_{23} .$$

SPEARMANs einfacher Rangkorrelationskoeffizient hat die Form

$$r^*_{k\ell} = 1 - \frac{6 \sum_m d^2_{k\ell m}}{n\,(n^2-1)}$$

(vgl. Abschnitt 421), wodurch sich der Zähler weiter vereinfachen läßt in

$$\frac{1}{6} n^2(n^2-1) \left[r^*_{12} - r^*_{13} r^*_{23} - r^*_{23} r^*_{13} + r^*_{13} r^*_{23} \right]$$

$$= \frac{1}{6} n^2(n^2-1) (r^*_{12} - r^*_{13} r^*_{23}).$$

Die Terme des Nenners ergeben sich analog nach

$$\sum_{ij}\sum (a^2_{kij} - 2 r^*_{k3} a_{kij} a_{3ij} + r^{*2}_{k3} a^2_{3ij}) \qquad \text{für } k = 1, 2.$$

Die allgemeine Darstellung empfiehlt sich, da beide Terme lediglich in dem Index k verschieden sind.

Man erhält wieder

$$\frac{1}{6} n^2(n^2-1) - \left[\frac{1}{6} n^2(n^2-1) - n \sum_m d^2_{k3m}\right] \cdot 2 r^*_{k3} + \frac{1}{6} n^2(n^2-1) r^{*2}_{k3}$$

$$= \frac{1}{6} n^2(n^2-1) \cdot (1 - 2 r^{*2}_{k3} + r^{*2}_{k3}) \qquad \text{für } k = 1, 2.$$

$$= \frac{1}{6} n^2(n^2-1) \cdot (1 - r^{*2}_{k3})$$

Der gesamte Nenner hat das Aussehen

$$\frac{1}{6} n^2(n^2-1) \sqrt{(1 - r^{*2}_{13}) \cdot (1 - r^{*2}_{23})} \; .$$

Das Verhältnis von Zähler und Nenner bestimmt den Koeffizienten als

$$r^*_{12.3} = \frac{\frac{1}{6} n^2(n^2-1) (r^*_{12} - r^*_{13} r^*_{23})}{\frac{1}{6} n^2(n^2-1) \sqrt{(1-r^{*2}_{13})(1-r^{*2}_{23})}} \; .$$

Die gesuchte Stichprobenfunktion

$$(5.6) \qquad R^*_{12.3} = \frac{R^*_{12} - R^*_{13} \cdot R^*_{23}}{\sqrt{(1 - R^{*2}_{13})\,(1 - R^{*2}_{23})}}$$

läßt erkennen, daß der partielle Rangkorrelationskoeffizient als Quotient der einfachen SPEARMANschen Maße R^*_{12}, R^*_{13} und R^*_{23} darstellbar ist.

Wie bereits angedeutet, ist es außerordentlich schwierig, wenn nicht unmöglich, exakt zu definieren, welcher Funktionalparameter mit der Stichprobenfunktion $R^*_{12.3}$ überhaupt geschätzt wird. Es wird - wie im zweidimensionalen Fall - möglicherweise wieder so sein, daß ein gewisses "intuitive appeal" (vgl. GIBBONS 1971, S. 236) als Schätzer für das metrische $\rho_{12.3}$ existiert (vgl. KENDALL 1942, S. 277), man jedoch weder von dem direkten Stichprobenanalogon des Funktionalparameters $\rho_{12.3}$, noch eines Rangkorrelations-Funktionalparameters $\rho'_{12.3}$ sprechen kann.

Ein Hauptgrund mag darin liegen, daß, wenn die zugrundeliegende dreidimensionale Zufallsvariable (X_1, X_2, X_3) kontinuierlich ist, es nicht gelingen kann, sie in der Grundgesamtheit auf eine Ordnungsfunktion abzubilden, wie dies für eine konkrete Zufallsstichprobe ohne weiteres möglich ist (vgl. GIBBONS 1971, S. 236).

532 Der partielle Korrelationskoeffizient $T_{12.3}$ nach KENDALL

Der Realisation

$$[(x_{11}, x_{21}, x_{31}), \ldots, (x_{1n}, x_{2n}, x_{3n})]$$

einer einfachen Zufallsstichprobe vom Umfang n seien die Indikatorvariablen a_{kij} diesmal zugeordnet durch

$$(5.7) \qquad a_{kij} := \begin{cases} 1 & \text{falls } x_{ki} < x_{kj} \\ 0 & \text{falls } i = j \\ -1 & \text{falls } x_{ki} > x_{kj} \end{cases} \qquad \text{für } k = 1, 2, 3 \text{ und } i = 1, \ldots, n.$$

Die Vektoren

$$[(a_{111}, a_{211}, a_{311}), \ldots, (a_{1nn}, a_{2nn}, a_{3nn})]$$

enthalten somit nur Elemente von Null und vom Betrag Eins. Es ist einsehbar, daß es keinen Unterschied macht, ob die Indikatorvariablen a_{kij} direkt von den Ausprägungen der konkreten Zufallsstichprobe oder von Rangreihen gebildet werden, wie sie für die Bestimmung von $R^*_{12.3}$ definiert wurden. Nun lassen sich die einfachen KENDALLschen Stichprobenfunktionen $T_{k\ell}$ $(k < \ell = 2, 3)$ interpretieren als Produktmoment-Korrelationskoeffizienten für Paare von Differenzen; man gewinnt so auch hier die Möglichkeit der Anwendung der linearen Regressionsanalyse. Diese Tatsache, die KENDALL offenbar nicht gesehen hat, als er die formale Übereinstimmung seiner Stichprobenfunktion $T_{12.3}$ mit dem metrischen $R_{12.3}$ als "coincidental" bezeichnete, wurde in der Literatur danach mehrfach aufgezeigt (HOEFFDING 1948, S. 323; SOMERS 1959, S. 241; HAWKES 1971, S. 917; GIBBONS 1971, S. 271; LEHMANN 1977, S. 233).

Aus diesem Gedanken sind eine Reihe asymmetrischer Rangkorrelationskoeffizienten entstanden, von denen SOMERS' D wohl der bedeutendste ist (vgl. SOMERS 1968, S. 971).

Für die Residuen gilt also erneut

$$(5.8)\qquad \begin{aligned} c_{1.3ij} &= a_{1ij} - t_{13}\, a_{3ij} \\ c_{2.3ij} &= a_{2ij} - t_{23}\, a_{3ij} \end{aligned} \qquad \text{für } i,j = 1, \ldots, n.$$

Der allgemeine Koeffizient

$$(5.9)\qquad t_{12.3} = \frac{\sum_{ij}\sum c_{1.3ij}\; c_{2.3ij}}{\sqrt{(\sum_{ij}\sum c^2_{1.3ij})\;(\sum_{ij}\sum c^2_{2.3ij})}}$$

läßt sich durch Einsetzen von (5.8) umformen in

$$t_{12.3} = \frac{\sum_{ij}\sum (a_{1ij} - t_{13}\, a_{3ij})\,(a_{2ij} - t_{23}\, a_{3ij})}{\sqrt{\left[\sum_{ij}\sum (a_{1ij} - t_{13}\, a_{3ij})^2\right]\left[\sum_{ij}\sum (a_{2ij} - t_{23}\, a_{3ij})^2\right]}} .$$

Eine getrennte Zerlegung von Zähler und Nenner ist hier ebenfalls angezeigt. Im Zähler erhält man durch Ausmultiplizieren der Klammerausdrücke

$$\sum_{ij}\sum (a_{1ij}\, a_{2ij} - a_{1ij}\, a_{3ij}\, t_{23} - a_{2ij}\, a_{3ij}\, t_{13} + a^2_{3ij}\, t_{13}\, t_{23}).$$

Aus der Analyse der einfachen KENDALLschen Rangkorrelationskoeffizienten ist erinnerlich, daß

$$\sum_{ij}\sum a^2_{kij} = n\,(n-1) \qquad \text{für } k = 1, 2, 3,$$

$$\sum_{ij}\sum a_{kij}\, a_{\ell ij} = n\,(n-1)\, t_{k\ell} \qquad \text{für } k < \ell = 2, 3.$$

Somit vereinfachen sich die Terme des Zählers in

$$n(n-1)\, t_{12} - n(n-1)\, t_{13}\, t_{23} - n(n-1)\, t_{23}\, t_{13} + n(n-1)\, t_{13}\, t_{23}$$

und ausgeklammert in

$$n(n-1)\ (t_{12} - t_{13}\ t_{23} - t_{23}\ t_{13} + t_{13}\ t_{23})$$

$$= n(n-1)\ (t_{12} - t_{13}\ t_{23}).$$

Für beide Summanden des Nenners steht der Ausdruck

$$\sum_{ij}\sum (a_{kij}^2 - 2\ t_{k3}\ a_{kij}\ a_{3ij} + t_{k3}^2\ a_{3ij}^2) \quad \text{für } k = 1,\ 2.$$

Vereinfachen führt wiederum zu

$$n(n-1) - 2\ t_{k3}\ n(n-1)\ t_{k3} + t_{k3}^2\ n(n-1)$$

$$= n(n-1)\ (1 - t_{k3}^2) \quad \text{für } k = 1,\ 2.$$

Der gesamte Nenner wird zu

$$n(n-1)\sqrt{(1 - t_{13}^2)\ (1 - t_{23}^2)},$$

womit der Koeffizient feststeht als

$$t_{12.3} = \frac{n(n-1)\ (t_{12} - t_{13}\ t_{23})}{n(n-1)\sqrt{(1-t_{13}^2)(1-t_{23}^2)}}$$

und schließlich als Zufallsvariable formuliert:

$$(5.10) \qquad T_{12.3} = \frac{T_{12} - T_{13} \cdot T_{23}}{\sqrt{(1 - T_{13}^2)\ (1 - T_{23}^2)}}$$

Auch für das KENDALLsche Maß ist damit die Berechtigung der Darstellung von $T_{12.3}$ durch die einfachen Stichprobenfunktionen $T_{k\ell}$ gezeigt.

Obwohl im zweidimensionalen Fall die Identifizierung der Funktionalparameter $\tau_{k\ell}$ $(k < \ell = 2, 3)$ keinerlei Schwierigkeiten bereitet (vgl. Abschnitt 422) - die $T_{k\ell}$ sind allesamt erwartungstreue Schätzfunktionen für $\tau_{k\ell}$ (vgl. GIBBONS 1971, S. 210) - sind die Resultate nicht auf die partielle Betrachtungsweise übertragbar.

Die Unverzerrtheit einer Schätzung von $\tau_{12.3}$ durch $T_{12.3}$ ist nachgewiesen, wenn gezeigt werden kann, daß

$$E\{T_{12.3} | T_{13}, T_{23}\} = \tau_{12.3} \qquad \text{für } \tau_{13}, \tau_{23} \neq 1.$$

MORAN, der sich ausgiebig mit der Problematik der partiellen, sowie der multiplen Rangkorrelation beschäftig hat, konstatiert (1951, S. 28): "I have not been able to find a formula either for $E\{T_{12.3} | T_{13}, T_{23}\}$ or for $V\{T_{12.3}\}$ ... ". In der Tat scheint eine allgemeine Herleitung wenig vielversprechend, da die Komponenten der Stichprobenfunktion $T_{12.3}$ im allgemeinen nicht unabhängig sind (vgl. USPENSKY 1937, S. 172).

54 Verteilungen der Stichprobenfunktionen

Um die hergeleiteten Stichprobenfunktionen für exakte Testverfahren nutzbar zu machen, ist die Kenntnis ihrer exakten Wahrscheinlichkeitsverteilungen notwendige Voraussetzung. Wenn es nicht gelingt, die Wahrscheinlichkeitsverteilungen in einer analytischen Form darzustellen, greift man auf numerische Berechnungsverfahren zurück. Hierbei verfolgt man das Ziel, sämtliche Realisationen der Stichprobenfunktionen zu ermitteln und deren absolute Häufigkeiten festzuhalten. Selbst wenn diese Prozeduren "mechanisierbar" sind, somit auf Rechenanlagen übertragen werden können, sind sie noch enorm zeitaufwendig.

Von einem bestimmten - vom Zeitaufwand der Ermittlungsprozedur abhängigen - Stichprobenumfang n ab ist man daher gezwungen, auf approximative Verfahren auszuweichen; die Kenntnis der exakten Verteilung für kleine n ist dabei jedoch eine große Hilfe.

541 Exakte Verteilungen

Die folgenden Ausführungen basieren ebenfalls auf einfachen Zufallsstichproben vom Umfang n. Zusätzlich sei nun vereinbart, daß die Zufallsvariablen X_1 und X_2 voneinander unabhängig sind, wenn X_3 festgehalten wird, die gemeinsame (bedingte) stetige Verteilungsfunktion $F_{X_1,X_2|X_3}$ also durch das Produkt

$$F_{X_1,X_2|X_3} = F_{X_1|X_3} \cdot F_{X_2|X_3}$$

ihrer bedingten Randverteilungen darstellbar ist.

Die konkrete Zufallsstichprobe

$$[\,(x_{11}, x_{21}, x_{31}), \ldots, (x_{1n}, x_{2n}, x_{3n})\,]$$

sei ebenfalls wieder auf ganzzahlige Rangwerte

$$[\ (p_{11}, p_{21}, p_{31}), \ldots, (p_{1n}, p_{2n}, p_{3n})\ ]$$

abgebildet[1].

Es ist am günstigsten, diejenige Rangreihe, die zu der "festgehaltenen" Zufallsvariablen X_3 gehört, in natürlicher Ordnung vorzugeben. Ohne Allgemeingültigkeit einzubüßen, erhält man

$$[\ (p_{11}, p_{21}, 1), \ldots, (p_{1n}, p_{2n}, n)\ ].$$

Durch die Berücksichtigung jeder möglichen Anordnung von

$$(p_{11}, \ldots, p_{1n})$$

bei der Berechnung der Rangkorrelationskoeffizienten aus sämtlichen Permutationen

$$(p_{21}, \ldots, p_{2n})$$

entstehen $n!^2$ (gleichwahrscheinliche) Realisationen der Stichprobenfunktion $V_{12.3}$. Zu der Wahrscheinlichkeitsfunktion und der Verteilungsfunktion von $V_{12.3}$ gelangt man über die Zusammenfassung gleicher Ausprägungen $V_{12.3} = v_{12.3}$ und die Bestimmung der Häufigkeiten dieser Ausprägungen.

Durch die Berücksichtigung einiger Besonderheiten, die aus der Konstruktionsvorschrift der partiellen Koeffizienten resultieren, lassen sich die notwendigen $n!^2$ Kalkulationen noch verringern[2].

---

1) Zum Zweck einer einheitlichen Darstellung wird bei der Ermittlung der Stichprobenverteilung von $T_{12.3}$ ebenfalls von Rangwerten ausgegangen, obwohl dies eigentlich nicht notwendig ist (vgl. etwa Zuordnungsvorschrift (5.7), Abschnitt 532).

2) $V_n = V_{12.3}$ ist wiederum die allgemeine Stichprobenfunktion und steht gleichermaßen für $V_n^{(1)} = R^*_{12.3}$ und $V_n^{(2)} = T_{12.3}$ (vgl. Abschnitt 53).

Ein einfaches einführendes Tabellenbeispiel für den Stichprobenumfang von n = 3 soll dies demonstrieren. Die Kommata zwischen den Komponenten der Rangvektoren sind der Übersichtlichkeit halber weggelassen.

Tabelle 5.1

Ausprägungen der Stichprobenfunktion $V_{12.3}$ für n = 3 und (p_{31} = 1, p_{32} = 2, p_{33} = 3)

(p_{11} p_{12} p_{13})	(p_{21} p_{22} p_{23})					
	(1 2 3)	(1 3 2)	(2 1 3)	(2 3 1)	(3 1 2)	(3 2 1)
(1 2 3)	*	*	*	*	*	*
(1 3 2)	*	1	$v_{12.3}$	$-v_{12.3}$	- 1	*
(2 1 3)	*	$-v_{12.3}$	1	- 1	$v_{12.3}$	*
(2 3 1)	*	$v_{12.3}$	- 1	1	$-v_{12.3}$	*
(3 1 2)	*	- 1	$-v_{12.3}$	$v_{12.3}$	1	*
(3 2 1)	*	*	*	*	*	*

Die Tabellenfächer von Tabelle 5.1 sind dann mit einem Stern (*) versehen, wenn die Stichprobenfunktion $V_n = V_{12.3}$ nicht definiert ist. Dies ist immer dann der Fall, wenn v_{13}^2 oder $v_{23}^2 = 1$ werden. Wenn man die "festgehaltene" Rangreihe in natürlicher Ordnung annimmt - wie hier geschehen - so sind dies diejenigen Permutationen, für die die beiden anderen Rangreihen ebenfalls natürlich oder invers angeordnet sind.

Da diese nicht definierten Ausprägungen von $V_{12.3}$ keinen interpretierbaren Beitrag zur Verteilung der Stichprobenfunktion leisten, ist es sinnvoll, sie aus der Betrachtung herauszunehmen.

Diese Vorgehensweise ist unbedenklich, da der Anteil der undefinierten Ausprägungen - gemessen an der Gesamtzahl der Ausprägungen - nach

$$\lim_{n \to \infty} \frac{4n! - 4}{(n!)^2} = 0$$

mit hoher Geschwindigkeit gegen Null konvergiert.
Man gelangt so zu

$$n!^2 - 4\,n! + 4 = (n! - 2)^2$$

verbleibenden Realisationen (vgl. MAGHSOODLOO 1975, S. 157).

Das Tabellenbeispiel zeigt aber noch weitere Besonderheiten. Man erkennt, daß Haupt- und Nebendiagonale nur mit Werten vom Betrag 1 besetzt sind. Die Erklärung hierfür ist einfach: immer wenn $v_{12} = \pm 1$ - dies trifft bei dem gewählten Tabellenaufbau gerade für die Felder der Haupt- und Nebendiagonalen zu, weil die Rangreihen

$$(p_{11}, \ldots, p_{1n}) \text{ und } (p_{21}, \ldots, p_{2n})$$

dort identisch sind - ist zwangsläufigerweise $v_{12} = v_{23}$.

Somit folgt

$$v_{12.3} = \frac{\pm(1 - v_{13}^2)}{1 - v_{13}^2} = \frac{\pm(1 - v_{23}^2)}{1 - v_{23}^2} = \pm 1.$$

Der Tabelle 5.1 entnimmt man, daß dies in

$$8 = 2\,n! - 4$$

Fällen zutrifft. Es bleiben nunmehr

$$(n! - 2)^2 - 2\,(n! - 2)$$

zu berechnende Koeffizienten übrig.

Darüber hinaus kann man durch eine geschickte Abfolge der Permutationen der Rangreihen

$$(p_{11}, \ldots, p_{1n}) \text{ und } (p_{21}, \ldots, p_{2n})$$

erreichen, daß die Tabellenfelder symmetrisch besetzt sind, wie dies aus dem Beispiel ebenfalls ersichtlich ist. Es sind nun lediglich diejenigen Werte zu berechnen, die sich in einem der Tabellenviertel oberhalb oder unterhalb der Diagonalen befinden - im gezeigten Beispiel für $n = 3$ ist dies nur ein einziger Wert $v_{12.3}$. Alle verbleibenden Realisationen lassen sich dann durch Spiegelung an verschiedenen Symmetrieachsen gewinnen. Allgemein reduziert sich die Berechnung auf

$$(5.11) \quad \frac{1}{8}\left[(n!-2)^2 - 2\,(n!-2)\right] = \left(\frac{n!}{4} - 1\right)\left(\frac{n!}{2} - 1\right)$$

zu kalkulierende Koeffizienten.

Diese Vorüberlegungen sind von einiger Bedeutung, da es mit wachsendem n zunehmend darauf ankommt, die Zahl der zu kalkulierenden Koeffizienten so gering wie möglich zu halten. Bereits an dieser Stelle gewinnt man einen Eindruck davon, wie sehr die Ermittlung der Stichprobenverteilungen von $V_n^{(1)} = R^*_{12.3}$ und $V_n^{(2)} = T_{12.3}$ von der Qualität der Algorithmen abhängt, die zur Erzeugung der Permutationsfolgen benötigt werden. Gleichwohl sind dieser Konstruktionsmethode mit wachsendem Stichprobenumfang n Grenzen gesetzt, da die Zahl der zu kalkulierenden Elemente immer noch explosionsartig zunimmt. Die Tabelle 5.2 soll dies verdeutlichen.

Tabelle 5.2

Zahl der Elemente zur Berechnung der Stichprobenverteilung von $V_{12.3}$ für ausgewählte Stichprobenumfänge

Stichprobenumfang n	$\left(\frac{n!}{4} - 1\right) \cdot \left(\frac{n!}{2} - 1\right)$
3	1
4	55
5	$1.71 \cdot 10^{3}$
6	$6.42 \cdot 10^{4}$
7	$3.17 \cdot 10^{6}$
8	$2.03 \cdot 10^{8}$
9	$1.65 \cdot 10^{10}$
10	$1.65 \cdot 10^{12}$
⋮	⋮
20	$7.40 \cdot 10^{35}$
⋮	⋮
30	$8.80 \cdot 10^{63}$

Es ist kaum anzunehmen, daß es in absehbarer Zukunft Rechenanlagen geben wird, die in der Lage sind, exakte Verteilungen für $V_{12.3}$ für Stichprobenumfänge von $n \geq 10$ in vertretbarem Zeitaufwand zu berechnen.

Sind die Koeffizienten der Stichprobenfunktion $V_{12.3}$ nach dem in Tabelle 5.1 dargestellten Schema ermittelt, ergibt sich die Wahrscheinlichkeitsfunktion als

$$(5.12) \qquad f_{V_{12.3}}(v) = \begin{cases} \dfrac{n_\ell}{(n!-2)^2} & \text{für } v = v_\ell,\ \ell = 1, \ldots, h \\ 0 & \text{sonst} \end{cases}$$

$$\text{mit } n_\ell = \text{Anzahl}\{v = v_\ell \mid \ell = 1, \ldots, h\}$$

Die Summationsobergrenze h bezeichnet die - mit wachsendem n zunehmende Anzahl unterschiedlicher Ausprägungen v_ℓ der Stichprobenfunktion $V_{12.3}$. Bei korrekter Rechnung muß gelten

$$\sum_{\ell=1}^{h} f_{V_{12.3}}(v_\ell) = 1.$$

Die Verteilungsfunktion gewinnt man durch

$$(5.13) \qquad F_{V_{12.3}}(v) = \sum_{v_\ell \leq v} f_{V_{12.3}}(v_\ell).$$

Die Eigenschaften der Verteilungsfunktion sind beschrieben durch

$$1.\quad 0 \leq F_{V_{12.3}}(v) \leq 1$$

$$(5.14) \qquad 2.\quad F_{V_{12.3}}(v_1) \leq F_{V_{12.3}}(v_2), \qquad \text{falls } v_1 < v_2$$

$$3.\quad F_{V_{12.3}}(v+0) := \lim_{\varepsilon \to 0} F_{V_{12.3}}(v+\varepsilon) = F_{V_{12.3}}(v) \qquad \text{für } \varepsilon > 0 .$$

Die beiden letztgenannten Eigenschaften kennzeichnen die Verteilungsfunktion $F_{V_{12.3}}$ als monoton wachsend und rechtsseitig stetig (vgl. dazu SCHÄFFER 1978, S. 8).

Wegen der Symmetrie der Wahrscheinlichkeitsfunktion $f_{V_{12.3}}$ um den Nullpunkt gilt

$$E\{V_{12.3} \mid V_{13}, V_{23}\} = 0, \qquad \text{für } V_{13}^2, V_{23}^2 \neq 1.$$

Exakte Angaben über die Varianz $V\{V_{12.3}\}$ lassen sich für $V_n^{(1)} = R_{12.3}^*$ bzw. $V_n^{(2)} = T_{12.3}$ nur aus den ermittelten exakten Stichprobenverteilungen $F_{R_{12.3}^*}(r)$ bzw. $F_{T_{12.3}}(t)$ direkt ableiten.

5411 Die Verteilung des partiellen Korrelationskoeffizienten $R^*_{12.3}$ nach SPEARMAN

Es ist bereits mehrfach herausgestellt worden, daß - unter der Annahme der Unabhängigkeit der Zufallsvariablen X_1, X_2 (X_3 fest) - die Wahrscheinlichkeitsfunktion $f_{V_{12.3}}$ symmetrisch um den Nullpunkt verteilt ist. Da dies im besonderen für die Wahrscheinlichkeitsfunktion des partiellen $R^*_{12.3}$ gilt, kann man sich bei der Tabellierung der Verteilungsfunktion $F_{R^*_{12.3}}$ mit derem positiven Ast begnügen, die Wahrscheinlichkeiten für negative Werte r_ℓ lassen sich problemlos daraus ermitteln.

Es soll nun zunächst die exakte Verteilung von $R^*_{12.3}$ für den Stichprobenumfang n = 4 nach dem vorgestellten Ermittlungsschema bestimmt werden. Für andere Stichprobenumfänge sind die exakten Verteilungen von SPEARMANs partiellem $R^*_{12.3}$ auszugsweise in Anhang B tabelliert.

Durch diese ausführliche Ermittlung der Stichprobenverteilung für einen ausgewählten Stichprobenumfang ergeben sich, auch durch den Vergleich mit den entsprechenden Werten des KENDALLschen partiellen $T_{12.3}$, schon wertvolle Hinweise für die Auswahl geeigneter Approximationsverteilungen.

Ausgangspunkt der Berechnungen ist die Dreiecksmatrix der notwendigen

$$\left(\frac{n!}{4} - 1\right) \left(\frac{n!}{2} - 1\right)$$

Koeffizienten und den

$$\left(\frac{n!}{2} - 1\right)$$

Einsen auf der Hauptdiagonalen, insgesamt also

$$\frac{n!}{4} \left(\frac{n!}{2} - 1\right)$$

Ausprägungen der partiellen Stichprobenfunktion $R^*_{12.3}$.

Tabelle 5.3

Ausprägungen der Stichprobenfunktion $R^{*}_{12.3}$ für $n = 4$ und $(p_{31} = 1,\ p_{32} = 2,\ p_{33} = 3,\ p_{34} = 4)$

$(p_{11}\ p_{12}\ p_{13}\ p_{14})$	$(p_{21}\ p_{22}\ p_{23}\ p_{24})$										
	(1 2 4 3)	(1 3 2 4)	(1 3 4 2)	(1 4 2 3)	(1 4 3 2)	(2 1 3 4)	(2 1 4 3)	(2 3 1 4)	(2 3 4 1)	(2 4 1 3)	(2 4 3 1)
(1 2 4 3)	1.000										
(1 3 2 4)	-.667	1.000									
(1 3 4 2)	.873	-.218	1.000								
(1 4 2 3)	-.218	.873	.286	1.000							
(1 4 3 2)	.408	.408	.802	.802	1.000						
(2 1 3 4)	-.111	-.667	-.582	-.946	-.953	1.000					
(2 1 4 3)	.667	-1.000	.218	-.873	-.408	.667	1.000				
(2 3 1 4)	-.946	.873	-.667	.524	-.089	-.218	-.873	1.000			
(2 3 4 1)	.953	-.408	.980	.089	.667	-.408	.408	-.802	1.000		
(2 4 1 3)	-.667	1.000	-.218	.873	.408	-.667	-1.000	.873	-.408	1.000	
(2 4 3 1)	.582	.218	.905	.667	.980	-.873	-.218	-.286	.802	.218	1.000

Aus den Werten der Tabelle 5.3 lassen sich - wie bereits in Tabelle 5.1 gezeigt wurde - alle anderen Ausprägungen unter Ausnutzung von Symmetriebeziehungen ermitteln. Da die Diagonalen immer mit Einsen besetzt sind, kann man bei der Berechnung auch auf sie verzichten, sie dienen hier nur der Orientierung (vgl. auch Tabelle 5.1).

Durch Auszählen jeweils identischer Ausprägungen und die Hochrechnung auf alle $(n!-2)^2$ definierten Koeffizienten der gesamten Matrix gelangt man zur Wahrscheinlichkeitsfunktion

$$f_{R^*_{12.3}}(r) = \begin{cases} \dfrac{n_\ell}{484} & \text{für } r = r_\ell,\ \ell = 1, \ldots, h \\ 0 & \text{sonst} \end{cases}$$

$$\text{mit } n_\ell = \text{Anzahl}\{r = r_\ell \mid \ell = 1, \ldots, h\}$$

Die Auswertung der Tabelle 5.3 führt ebenfalls zu der Spezifizierung der Anzahl h der unterschiedlichen Ausprägungen r_ℓ: es ergeben sich für $n = 4$ je 15 negative und positive Koeffizienten $r_\ell = r^*_{12.3}$. Mit $h = 30$ erhält man eine gerade Anzahl von Ausprägungen, weil für $n = 4$ $r^*_{12.3} = 0$ nicht vorkommt (vgl. Tabelle 5.3).

Die Auswertungsergebnisse der Ausgangsmatrix sind in Tabelle 5.4 zusammengestellt, eine graphische Darstellung der Verteilungsfunktion

$$F_{R^*_{12.3}}(r) \quad \text{für} \quad r \geq 0$$

enthält Abbildung 5.1.

Gemäß (5.13) ergibt sich die Verteilungsfunktion als

$$F_{R^*_{12.3}}(r) = \sum_{r_\ell \leq r} f_{R^*_{12.3}}(r_\ell).$$

Tabelle 5.4

Ergebnisse der Auszählung der Koeffizientenmatrix (Tabelle 5.3) für n = 4 und r ≥ 0

ℓ	r_ℓ	n_ℓ	$F_{R^*_{12.3}}(r_\ell)$
16	.089	8	.5165
17	.111	4	.5248
18	.218	32	.5909
19	.286	8	.6074
20	.408	32	.6736
21	.524	4	.6818
22	.582	8	.6984
23	.667	36	.7727
24	.802	16	.8058
25	.873	32	.8719
26	.905	4	.8802
27	.946	8	.8967
28	.953	8	.9132
29	.980	8	.9298
30	1.000	34	1.0000

Abbildung 5.1

Verteilungsfunktion von $R^*_{12.3}$ für n = 4 und r ≥ 0

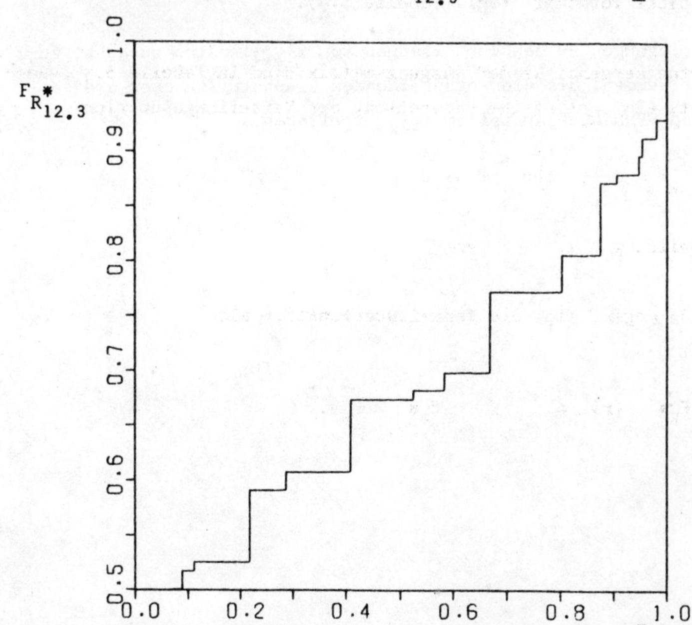

Die Varianz von $R^*_{12.3}$ ergibt sich für $n = 4$ als

$$V\{R^*_{12.3}\} = 2 \cdot \sum_{\ell=16}^{30} r_\ell^2 \cdot f_{R^*_{12.3}}(r_\ell) = .5018.$$

Soweit zur Bestimmung der exakten Stichprobenverteilung von SPEARMANs $R^*_{12.3}$ für $n = 4$. Tabellen zu den Verteilungen größerer Stichprobenumfänge befinden sich in Anhang B.

Die Hervorhebung eines Tatbestands erscheint jedoch noch wichtig: die Anzahl h der unterscheidbaren Ausprägungen r_ℓ nimmt mit steigendem Stichprobenumfang rapide zu. Da der Definitionsbereich von $R^*_{12.3}$ jedoch auf das Intervall

$$-1 \leq R^*_{12.3} \leq 1$$

beschränkt bleibt, rücken die Ausprägungen immer näher zusammen, wobei zwangsläufig die Wahrscheinlichkeit für jede einzelne Ausprägung r_ℓ gegen Null geht. Die Voraussetzung der Annäherung an eine stetige Verteilung scheint unter diesem Gesichtspunkt bei $R^*_{12.3}$ demnach günstig zu sein.

Weitere Überlegungen zu den Verteilungen von $R^*_{12.3}$ sollen zunächst zurückgestellt werden, bis die entsprechenden Erkenntnisse über die Verteilungen von KENDALLs partiellem $T_{12.3}$ vorliegen.

5412 Die Verteilung des partiellen Korrelationskoeffizienten $T_{12.3}$ nach KENDALL

Unter der Voraussetzung der Unabhängigkeit der Zufallsvariablen X_1, X_2 (X_3 fest) gilt auch für die KENDALLsche Stichprobenfunktion $T_{12.3}$, daß sie einer Wahrscheinlichkeitsfunktion $f_{T_{12.3}}(t)$ folgt, die symmetrisch ist bezüglich des Erwartungswerts

$$E\left\{T_{12.3} | T_{13}, T_{23}\right\} = 0, \qquad T_{13}^2, T_{23}^2 \neq 1.$$

Auch hier reicht es daher aus, lediglich die positiven Sprungstellen der Verteilungsfunktion $F_{T_{12.3}}(t)$ zu betrachten, wenn man sich Redundanzen ersparen will.

Zu Zwecken des direkten Vergleichs soll auch für das partielle $T_{12.3}$ zunächst die exakte Stichprobenverteilung für $n = 4$ nach dem gewohnten Prinzip ermittelt werden.

Zu Beginn der Ermittlungsprozedur steht die Berechnung der dreieckigen Matrix (vgl. Tabelle 5.5) der

$$\frac{n!}{4}\left(\frac{n!}{2} - 1\right) = 66$$

partiellen Rangkorrelationskoeffizienten $t_{12.3}$.

Tabelle 5.5

Ausprägungen der Stichprobenfunktion $T_{12.3}$ für $n = 4$ und $(p_{31} = 1, p_{32} = 2, p_{33} = 3, p_{34} = 4)$

$(p_{11}\ p_{12}\ p_{13}\ p_{14})$	$(p_{21}\ p_{22}\ p_{23}\ p_{24})$										
	(1 2 4 3)	(1 3 2 4)	(1 3 4 2)	(1 4 2 3)	(1 4 3 2)	(2 1 3 4)	(2 1 4 3)	(2 3 1 4)	(2 3 4 1)	(2 4 1 3)	(2 4 3 1)
(1 2 4 3)	1.000										
(1 3 2 4)	-.200	1.000									
(1 3 4 2)	.632	-.316	1.000								
(1 4 2 3)	-.316	.632	.250	1.000							
(1 4 3 2)	.447	.447	.707	.707	1.000						
(2 1 3 4)	-.200	-.200	-.316	-.316	-.447	1.000					
(2 1 4 3)	.632	-.316	.250	-.500	.000	.632	1.000				
(2 3 1 4)	-.316	.632	-.500	.250	.000	-.316	-.500	1.000			
(2 3 4 1)	.447	-.447	.707	.000	.333	-.447	.000	-.707	1.000		
(2 4 1 3)	-.447	.447	.000	.707	.333	-.447	-.707	.707	-.333	1.000	
(2 4 3 1)	.316	.316	.500	.500	.707	-.632	-.250	-.250	.707	.000	1.000

Im Vergleich der Ausgangsmatrizen von $R^*_{12.3}$ und $T_{12.3}$ (vgl. Tabellen 5.3 und 5.5) erkennt man bereits erste Unterschiede. Während beim KENDALLschen Maß die maximale Korrelation von ±1 nur dann eintritt, wenn $t_{12} = \pm 1$ - demnach nur auf den beiden Diagonalen der gesamten Koeffizientenmatrix - werden partielle Korrelationen von $r^*_{12.3} = \pm 1$ auch ausserhalb der Diagonalen realisiert. Dies trifft nachweislich auch für andere Stichprobenumfänge zu und erzeugt mehr Wahrscheinlichkeitsmasse an den Rändern der Stichprobenverteilung von $R^*_{12.3}$. Es wird noch deutlich werden, daß dadurch das Anpassungsverhalten der Folgen $\{R^*_{12.3}\}$ bezüglich der stetigen Approximationsverteilungen beeinflußt wird.

Der Vergleich der Tabellen 5.3 und 5.5 offenbart weiterhin, daß die Vorzeichen der Realisationen von $R^*_{12.3}$ und $T_{12.3}$ stets übereinstimmen, sich beim SPEARMANschen Maß jedoch meist dem Betrag nach höhere Korrelationen ergeben. Dies liegt an den unterschiedlichen Konstruktionsprinzipien beider Maße und beeinflußt als weiterer Faktor das Approximationsverhalten bezüglich stetiger Näherungen.

Aus Tabelle 5.5 ermittelt man die Wahrscheinlichkeitsfunktion von $T_{12.3}$ ebenfalls als

$$f_{T_{12.3}}(t) = \begin{cases} \dfrac{n_\ell}{484} & \text{für } t = t_\ell,\ \ell = 1, \ldots, h \\ 0 & \text{sonst} \end{cases}$$

$$\text{mit } n_\ell = \text{Anzahl}\{t = t_\ell \mid \ell = 1, \ldots, h\}$$

gelangt aber zu weniger, nämlich $h = 19$ unterscheidbaren Ausprägungen t_ℓ. Dem Symmetriezentrum $t_{10} = 0$ kommt hierbei die größte absolute Häufigkeit $n_{10} = 48$ zu.

Die Verteilungsfunktion von $T_{12.3}$ ergibt sich gemäß der allgemeinen Formel (5.13) als

$$F_{T_{12.3}}(t) = \sum_{t_\ell \leq t} f_{T_{12.3}}(t_\ell) \ .$$

Tabelle 5.6

Ergebnisse der Auszählung der Koeffizientenmatrix (Tabelle 5.5) für $n = 4$ und $t \geq 0$

ℓ	t_ℓ	n_ℓ	$F_{T_{12.3}}(t_\ell)$
10	.000	48	.5496
11	.200	12	.5744
12	.250	20	.6157
13	.316	36	.6901
14	.333	12	.7149
15	.447	36	.7893
16	.500	20	.8306
17	.632	24	.8802
18	.707	36	.9546
19	1.000	22	1.0000

Abbildung 5.2

Verteilungsfunktion von $T_{12.3}$ für $n = 4$ und $t \geq 0$

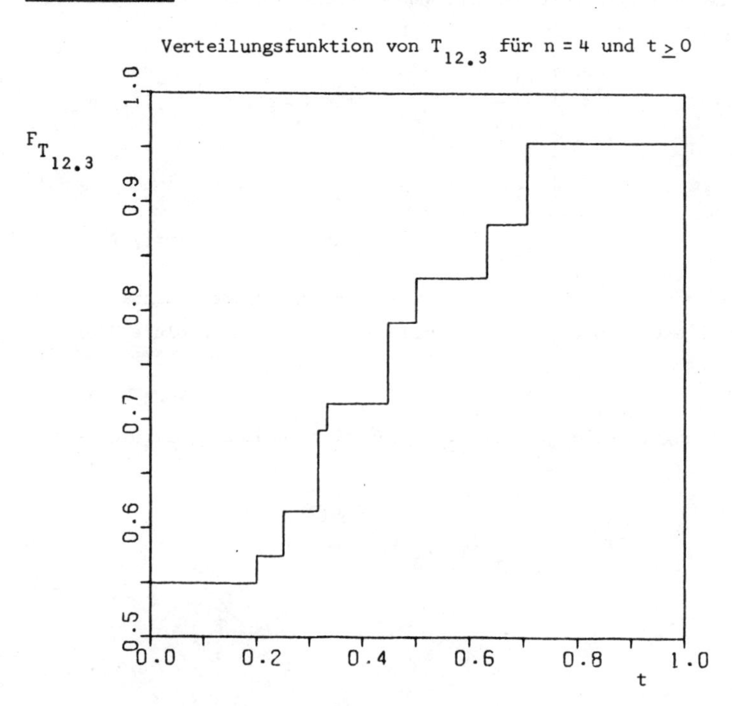

Zur Veranschaulichung der Tabelle 5.6 dient Abbildung 5.2. Man erkennt deutlich, daß $F_{T_{12.3}}$ weniger Sprungstellen hat und daß die Sprunghöhen nicht so sehr unterschiedlich sind, wie dies bei $F_{R^*_{12.3}}$ zu beobachten ist. Vor allem bemerkenswert ist, daß $F_{R^*_{12.3}}$ bedeutend mehr Wahrscheinlichkeitsmasse an den Rändern besitzt als $F_{T_{12.3}}$.

Die Unterschiede in der zentralen Tendenz beider Verteilungen lassen sich auch an der geringeren Varianz von $T_{12.3}$ ablesen. Für n = 4 ergibt sich

$$V\{T_{12.3}\} = \sum_{\ell=1}^{19} t_\ell^2 \cdot f_{T_{12.3}}(t_\ell) = .2829$$

gegenüber

$$V\{R^*_{12.3}\} = .5018 \quad \text{(vgl. S. 50).}$$

Die vergleichende Betrachtung der Ermittlungsprozeduren für die exakten Stichprobenverteilungen am Beispiel n = 4 soll hier abgebrochen werden. Bei der Bestimmung geeigneter Approximationsverteilungen werden die Unterschiede und Gemeinsamkeiten - besonders durch die Einbeziehung anderer Stichprobenumfänge - ohnehin noch stärker hervortreten.

Nach dem vorgestellten Prinzip konnten die exakten Stichprobenverteilungen für die SPEARMANsche und die KENDALLsche Stichprobenfunktion bis n = 7 maschinell errechnet werden. Wegen der mit steigendem n rapide anwachsenden Anzahl der Ausprägungen sind die Verteilungen im Anhang nur auszugsweise tabelliert (vgl. Anhang B).

Für die Bestimmung der exakten Verteilungen für n > 7 hätten sich Rechenzeiten ergeben, die den Rahmen des wirtschaftlich vertretbaren gesprengt hätten. Einen Ausweg bietet die Ermittlung geeigneter Näherungen.

542 Approximative Verteilungen

Bei der Behandlung der exakten Stichprobenverteilungen wurde deutlich, daß einer exakten Analyse partieller Rangkorrelationskoeffizienten Grenzen gesetzt sind. Gleichwohl scheint es wünschenswert, auch dort induktiv arbeiten zu können, wo eine Ermittlung exakter Stichprobenverteilungen nicht möglich ist.

5421 Zweck und Methoden

Praktische Bedeutung kann der approximativen Analyse dann zukommen, wenn die Ermittlung von Näherungsverteilungen sich als weniger aufwendig erweist und sich vermuten läßt, daß die Abweichungen der exakten von den approximativen Stichprobenverteilungen mit wachsendem n an Bedeutung verlieren.

Um dies zu prüfen, werden zwei Maßzahlen konstruiert, die - aus unterschiedlichen Blickwinkeln - Vergleiche zwischen exakten und approximativen Stichprobenverteilungen zulassen.

Approximative Verteilungen lassen sich auf zweierlei Arten gewinnen: zum einen kann man aus wiederholt gezogenen Zufallsstichproben Realisationen der Stichprobenfunktion $V_n = V_{12.3}$ bestimmen und festhalten, um daraus direkt die Quantile[1] der exakten Stichprobenverteilungen zu schätzen; zum anderen lassen sich durch Schätzung der Momente stetige Näherungsverteilungen spezifizieren (vgl. Anhang A).

Beide Vorgehensweisen wurden praktiziert und durch aufwendige Simulationsstudien untermauert.

---

1) Bei einer diskreten Stichprobenfunktion V_n ist der obere kritische Wert $v_{1-\alpha}$ der kleinste Wert des Wertebereichs von V_n, für den $P(V_n \geq v_{1-\alpha}) \geq \alpha$ gilt; $v_{1-\alpha}$ bezeichnet man als das $(1-\alpha)$-Quantil der Verteilung der Stichprobenfunktion V_n.

5422 Maße zur Beurteilung der Approximationsqualität

Der erste Schritt im Hinblick auf die Definition einer Maßzahl liegt in der Spezifizierung des Sachverhalts, der durch das Maß quantitativ zu beschreiben ist (vgl. KOLLER 1956, S. 321). Dazu gehört hier die Gegenüberstellung exakter und asymptotischer Stichprobenverteilungen mit dem Ziel, Aussagen über die Anpassungsqualität der Näherungen zu machen.

Es sollen hierfür zwei Maßzahlen konstruiert werden, die den Minimalwert Null immer dann annehmen, wenn - etwa bei der Durchführung eines statistischen Tests - es keinen Unterschied macht, die asymptotische Stichprobenverteilung der exakten vorzuziehen. Dies ist im einzelnen noch zu spezifizieren.

NUNNER bezeichnet die Approximation einer diskreten durch eine stetige Verteilung immer dann als optimal, wenn die stetige Funktion die Treppenfunktion genau in der Mitte jeder Treppenstufe schneidet (vgl. NUNNER 1968, S. 45); ein nach Maßgabe dieser Forderung konstruiertes Maß erreicht sinnvollerweise dann - und nur dann - den Minimalwert Null. Beide Forderungen gleichzeitig wird ein Maß kaum zu erfüllen vermögen, das NUNNERsche mag für die Beurteilung zweier Funktionsverläufe und deren Übereinstimmung adäquat sein, im Hinblick auf den Vergleich zweier Testverfahren scheinen jedoch Zweifel an der Verwendbarkeit angebracht. Bei großen Treppenstufen kann eine - im NUNNERschen Sinne - durchaus passable Annäherung bei der Übertragung auf Testverfahren zu groben Fehlentscheidungen führen.

Unter Einbeziehung dieser Überlegungen sollen die Maße sich an dem erstgenannten Kriterium - der Erzielung übereinstimmender Testergebnisse - orientieren. Aus diesem Grunde ist es auch von größerer Bedeutung, die Güte der Anpassung vornehmlich an den Rändern der Verteilungen zu untersuchen. Hierbei bringt die Symmetrie der Verteilungen erhebliche Arbeitserleichterungen sowohl bei der Konstruktion der Maße als auch bei der Auswertung der Untersuchungsergebnisse.

Der Konstruktion sollen einige formale Vorklärungen vorangehen. Die diskrete Stichprobenfunktion nach $T_{12.3}$ und $R^*_{12.3}$ zu unterscheiden, ist im Rahmen dieser allgemeinen Erörteungen nicht notwendig, es soll wiederum die Stichprobenfunktion $V_n = V_{12.3}$ mit den Ausprägungen v_ℓ, $\ell = 1, \ldots, h$ allgemein betrachtet werden. Die Verteilungsfunktion der Stichprobenfunktion $V_{12.3}$ sei erneut mit $F_{V_{12.3}}$ gekennzeichnet, $F_{V'_{12.3}}$ beschreibe die Verteilungsfunktion der kontinuierlichen Zufallsvariablen $V'_{12.3}$.

Maßzahl Δ_1 (α,n)

Der Grad der Übereinstimmung zweier Verteilungen kann - für ein fest vorgegebenes Signifikanzniveau α_i - anhand der Differenz der Quantile der exakten und der asymptotischen Verteilung gemessen werden. Formal dargestellt heißt das

$$(5.15) \qquad \Delta_1 \; (\alpha_i,n) \; := \; \{ | \; v_{1-\alpha_i} \; - \; v'_{1-\alpha_i} \; | \} \; .$$

Die konkrete Ausprägung $v_{1-\alpha_i}$ der exakten Stichprobenfunktion ist hierbei der kleinste Wert des Wertebereichs von $V_{12.3}$, für den die Überschreitungswahrscheinlichkeit

$$G_{V_{12.3}}(v_{1-\alpha_i}) \quad := \quad P\,(V_{12.3} \geq v_{1-\alpha_i}) \leq \alpha_i$$

gilt. Bei der kontinuierlichen Stichprobenfunktion $V'_{12.3}$ ergibt sich der Quantilwert $v'_{1-\alpha_i}$ direkt aus der Inversion der Verteilungsfunktion durch

$$v'_{1-\alpha_i} \;=\; F^{-1}_{V_{12.3}}(1-\alpha_i)$$

und somit

$$G_{V'_{12.3}} (v'_{1-\alpha_i}) = P(V'_{12.3} \geq v'_{1-\alpha_i}) = \alpha_i .$$

Aus Gründen der Übersichtlichkeit kann es empfehlenswert sein, die Fülle der Differenzen Δ_1 in einer Maßzahl zusammenzufassen. Denkbar wäre:

$$(5.16) \quad \Delta_1 (\alpha,n) := \max_i \{| v_{1-\alpha_i} - v'_{1-\alpha_i} |\} = \max_i \{ \Delta_1 (\alpha_i,n) \} .$$

Man gewinnt damit ein Maß, das bei Übereinstimmung aller Quantilwerte das Minimum Null annimmt, andererseits den Maximalwert Eins nicht überschreiten kann, wenn man sich auf den positiven Ast des Abszissenbereiches von $V_{12.3}$ beschränkt. Möchte man Vorzeichenwechsel ebenfalls in die Untersuchung einbeziehen, so verzichtet man auf die Absolutbeträge in (5.15) und (5.16). Hält man statt des Stichprobenumfangs n das Signifikanzniveau α fest, so erhält man Aufschluß über das Anpassungsverhalten der Funktionsverläufe mit wachsendem Stichprobenumfang n.

Maßzahl $\Delta_2(\alpha,n)$

Einen anderen Blickwinkel vermittelt das Maß Δ_2. Verständlicherweise werden auch hier Differenzen betrachtet, diesmal jedoch Differenzen zwischen den Überschreitungswahrscheinlichkeiten an den Sprungstellen v_i der Treppenfunktion $G_{V_{12.3}}$.

Man definiert hierfür

$$(5.17) \quad \Delta_2 (v_i,n) := \{| G_{V_{12.3}} (v_i-0) - G_{V'_{12.3}} (v_i) |\} ,$$

wobei das Kürzel

$$G_{V_{12.3}}(v_i-0) := \lim_{\varepsilon\to 0} G_{V_{12.3}}(v_i-\varepsilon) = G_{V_{12.3}}(v_i) \qquad \text{für } \varepsilon > 0$$

konsequenterweise die linksseitige Stetigkeit der Treppenfunktion $G_{V_{12.3}}$ festlegt. Für die Überschreitungswahrscheinlichkeiten gilt demnach

$$G_{V_{12.3}}(v_i) := \sum_{v_i \geq v} P_{v_i} = P(V_{12.3} \geq v_i) \leq \alpha.$$

Nun kann man die Differenzen $\Delta_2(v_i,n)$ ebenfalls in einem Maß zusammenfassen:

$$(5.18) \qquad \Delta_2(\alpha,n) := \max_i \{ | G_{V_{12.3}}(v_i-0) - G_{V_{12.3}}(v_i) | ; \; G_{V_{12.3}}(v_i-0) \leq \alpha \}$$

$$= \max_i \{ \Delta_2(v_i,n) \}.$$

$\Delta_2(\alpha,n)$ ist somit eine Maßzahl, die ebenfalls normiert ist, d.h. nur Werte zwischen Null und Eins annehmen kann.

Abbildung 5.3

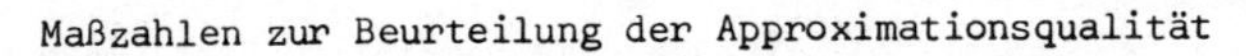

Maßzahlen zur Beurteilung der Approximationsqualität

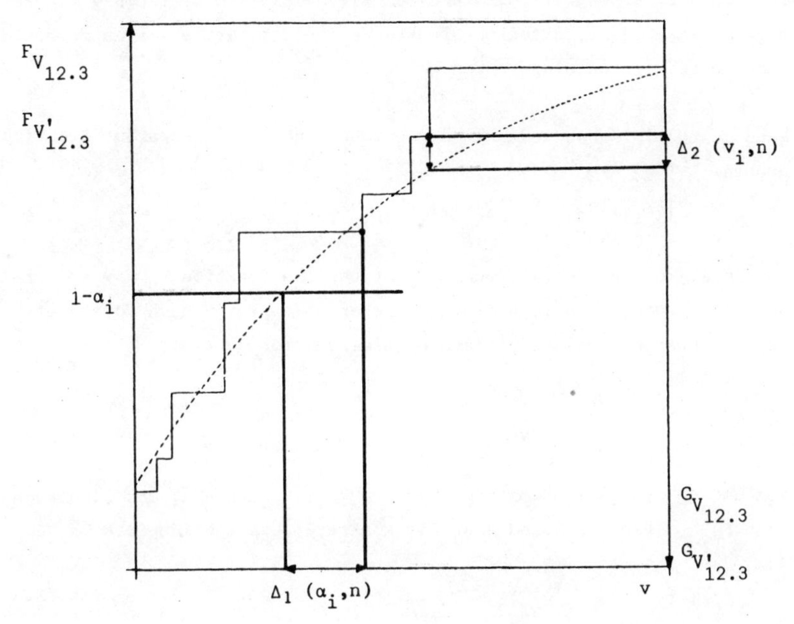

Abschließend veranschaulicht eine Graphik beide Maße noch einmal. Hierbei stellt der unterbrochene Linienzug einen Ausschnitt aus der stetigen Verteilungsfunktion $F_{V'_{12.3}}$ $(=1-G_{V'_{12.3}})$ und die Treppenfunktion einen Teil der exakten Überschreitungswahrscheinlichkeit $G_{V_{12.3}}$ dar. Man erkennt gut die unterschiedlichen Wirkungsweisen beider Maße: $\Delta_1(\alpha_i,n)$ betrachtet die Quantildifferenzen und $\Delta_2(v_i,n)$ die Differenzen der Überschreitungswahrscheinlichkeiten.

Die Maße $\Delta_1(\alpha,n)$ und $\Delta_2(\alpha,n)$ ergeben sich aus der Berechnung aller $\Delta_1(\alpha_i,n)$ und $\Delta_2(v_i,n)$ des interessierenden Bereichs.

5423 Approximationen durch simulierte Verteilungen

Im folgenden Abschnitt soll kurz auf die simulative Bestimmung von Approximationen der Verteilungsfunktionen beider partieller Rangkorrelationskoeffizienten eingegangen werden.

Wenn aus N einfachen und unabhängig voneinander gezogenen Zufallsstichproben

$$[(X_{11}, X_{21}, X_{31}), \ldots, (X_{1n}, X_{2n}, X_{3n})]$$

vom Umfang n die Realisationen der Stichprobenfunktion $V_n = V_{12.3}$ ermittelt werden, so bilden die Zufallsvariablen V_{n_i} - nach Voraussetzung - ihrerseits einen einfachen Zufallsvektor

$$(V_{n_1}, \ldots, V_{n_N})$$

vom Umfang N, dessen Komponenten $V_{n_i} = V_{12.3_i}$ unabhängig und identisch nach $F_{V_{12.3}}$ verteilt sind. Für die konkrete Zufallsstichprobe

$$(v_{n_1}, \ldots, v_{n_N})$$

sei festgelegt:

$$\check{F}^{(N)}_{V_n}(v_n) \;:=\; \frac{1}{N} \{\text{Anzahl } (v_{n_1}, \ldots, v_{n_N} \leq v_n)\} \; .$$

Die Zufallsvariable $\hat{F}^{(N)}_{V_n}(v_n)$, deren Realisation $\check{F}^{(N)}_{V_n}(v_n)$ ist, kann dann an jeder Stelle v_n als Schätzfunktion für $F_{V_n} = F_{V_{12.3}}$ betrachtet werden.

Vorteilhaft hierbei ist, daß eine solche Schätzung zu einer Verteilungsfunktion $\hat{F}^{(N)}_{V_n}$ führt, die mit der exakten in den Sprungstellen übereinstimmt und sich hinsichtlich der Sprunghöhen von $F_{V_{12.3}}$ nur geringfügig unterscheidet, wenn der Simulationsumfang N nicht zu klein gewählt wird. Die Differenzen in den Sprunghöhen nehmen mit wachsendem N ab, denn nach dem Satz von GLIVENKO/CANTELLI konvergiert $\hat{F}^{(N)}_{V_n}$ für $N \to \infty$

fast sicher gegen $F_{V_{12.3}}$ (vgl. SCHÄFFER 1978, S. 63)

Mit dem skizzierten Verfahren wurden die Verteilungsfunktionen von $R^*_{12.3}$ und $T_{12.3}$ geschätzt und mit den exakten Stichprobenverteilungen verglichen. Hierdurch waren wertvolle Rückschlüsse auf den für die Schätzung der Momente notwendigen Simulationsumfang N möglich, der ja mit wachsendem Stichprobenumfang n ebenfalls sukzessiv erweitert werden muß, damit die Qualität der Schätzung nicht leidet.

Auf eine detaillierte Wiedergabe der Untersuchungsergebnisse soll an dieser Stelle verzichtet werden, dies wird in den nächsten Abschnitten bei der Beurteilung der Anpassungsqualitäten stetiger Näherungen noch mit einfließen. Die Simulationsergebnisse sind - soweit sie zur Bestimmung von kritischen Werten herangezogen wurden - in Anhang B festgehalten.

5424 Approximation durch PEARSON-Kurven

Die Auswahl einer adäquaten Approximation aus dem PEARSONschen System von Verteilungsfunktionen ist bereits auf drei Verteilungstypen reduziert worden (vgl. Anhang A). Die Verteilungen sind symmetrisch bezüglich des Mittelwerts Null und können - wie im Anhang gezeigt - anhand des Wölbungsparameters

$$\beta_2 = \frac{\mu_4}{\mu_2^2} \tag{5.20}$$

systematisiert werden. Zur Approximation der exakten Verteilungen der beiden partiellen Rangkorrelationsmaße ist es nun sinnvoll, denjenigen PEARSON-Typ von Dichte- bzw. Verteilungsfunktion auszuwählen, dessen kontinuierliche Zufallsvariable $V'_{12.3}$ mit den Stichprobenfunktionen $V_n^{(1)} = R^*_{12.3}$ und $V_n^{(2)} = T_{12.3}$ in den Momenten μ_2 und μ_4 übereinstimmt.

Die Normalverteilung nimmt hier zwangsläufig eine Sonderstellung ein, weil bei ihr nur die Übereinstimmung in den Varianzen der Zufallsvariablen vorauszusetzen ist. Nur für $\beta_2 = 3$ ist auch das vierte Moment mit dem der partiellen Stichprobenfunktionen identisch.

Man kann also bereits vorweg erwarten, daß die Normalverteilung für $\beta_2 = 3$ als Näherung den beiden anderen flexibleren PEARSON-Typen unterlegen ist.

Zur Auswahl des passenden Verteilungstyps soll Tabelle 5.7 die notwendige Entscheidungshilfe liefern. Man entnimmt ihr, daß die Wölbungsparameter für gleiche Stichprobenumfänge n beim KENDALLschen $T_{12.3}$ jeweils größer sind als bei $R^*_{12.3}$. In beiden Fällen nehmen die Parameterwerte von β_2 mit steigendem n zu, bleiben aber stets unter dem Schwellenwert $\beta_2 = 3$. Die exakten Ergebnisse empfehlen damit die Verwendung eines einzigen der drei symmetrischen PEARSON-Typen als Näherung für die exakten Stichprobenverteilungen $F_{R^*_{12.3}}$ und $F_{T_{12.3}}$.

Die Verteilungsfunktion des PEARSON-Typs[1] ist definiert als

$$(5.21) \qquad F_{V'_{12.3}}(v') = \begin{cases} 0 & \text{für } v' < \xi \\ \int_{-\xi}^{v'} f_{V'_{12.3}}(v')\, dv' & \text{für } -\xi \leq v' < \xi \\ 1 & \text{für } v' \geq \xi \end{cases}$$

mit

$$(5.22) \qquad f_{V'_{12.3}}(v') = \frac{\left(\dfrac{2\mu_2\, \beta_2}{3-\beta_2} - v'^2\right)^{\frac{5\beta_2 - 9}{6-2\beta_2}}}{\left(\dfrac{2\mu_2\, \beta_2}{3-\beta_2}\right)^{\frac{5\beta_2-9}{6-2\beta_2}+\frac{1}{2}} B\left(\dfrac{1}{2};\ \dfrac{5\beta_2-9}{6-2\beta_2}+1\right)}$$

1) In dem ELDERTONschen Klassifikationsschema wird die Funktion als PEARSON-Typ II Verteilung geführt (vgl. ELDERTON 1953, S.51)

Tabelle 5.7

Funktionalparameter der Stichprobenfunktionen $V_n^{(1)} = R^*_{12.3}$ und $V_n^{(2)} = T_{12.3}$

n	$V_n^{(1)} = R^*_{12.3}$			$V_n^{(2)} = T_{12.3}$		
	$\mu_2^{(1)}$	$\mu_4^{(1)}$	$\beta_2^{(1)}$	$\mu_2^{(2)}$	$\mu_4^{(2)}$	$\beta_2^{(2)}$
4	.5018	.3784	1.503	.2829	.1576	1.969
5	.3342	.2030	1.817	.1799	.0738	2.280
6	.2504	.1273	2.031	.1318	.0428	2.463
7	.1993	.0867	2.183	.1038	.0277	2.575

und den Nullstellen

$$(5.23) \qquad \pm \xi = \pm \frac{2\mu_2 \beta_2}{3 - \beta_2}$$

(vgl. Anhang A).

Anhand des Wölbungsparameters β_2 wurde diejenige Approximationsfunktion bestimmt, die einen beschränkten Träger hat. Der Definitionsbereich der Stichprobenfunktionen $V_n^{(1)}$ und $V_n^{(2)}$ stimmt zwar nicht mit dem Träger von $f_{V'_{12.3}}$ überein, die Wahrscheinlichkeitsmasse ist außerhalb des Definitionsbereichs (d.h. < -1) und > +1) jedoch sehr gering. Mit größer werdendem β_2 entfernen sich die Nullstellen $\pm \xi$ immer mehr voneinander - die PEARSON-Typ II-Verteilung wird der Normalverteilung immer ähnlicher.

Die Schätzung von β_2 wird Aufschluß geben über das Verhalten des Parameters mit wachsendem n.

54241 Bestimmung der Parameterschätzwerte

Nach dem Momenten-Schätzverfahren wurden anhand der Stichprobenmomente m_2 und m_4 die Wölbungsparameter $\beta_2^{(1)}$ und $\beta_2^{(2)}$ geschätzt.

Hierzu wurden wiederholt aus N einfachen Zufallsstichproben vom Umfang n Realisationen einfacher Zufallsvektoren (vgl. Abschnitt 5423)

$$(v_{n_1}^{(1)}, \ldots, v_{n_N}^{(1)}) = (r^*_{12.3_1}, \ldots, r^*_{12.3_N})$$

bzw. $$(v_{n_1}^{(2)}, \ldots, v_{n_N}^{(2)}) = (t_{12.3_1}, \ldots, t_{12.3_N})$$

erzeugt und durch

$$m_2^{(j)} = \frac{1}{N} \sum_{i=1}^{N} v_{n_i}^{(j)2}, \qquad j = 1, 2$$

$$m_4^{(j)} = \frac{1}{N} \sum_{i=1}^{N} v_{n_i}^{(j)4}, \qquad j = 1, 2$$

die Schätzwerte als

$$b_2^{(j)} = \frac{m_4^{(j)}}{m_2^{(j)2}}, \qquad j = 1, 2$$

ermittelt.

Auf diese Weise konnten die Schätzwerte der Wölbungsparamter bis $n = 30$ maschinell errechnet werden. Der Simulationsumfang N wurde dabei von $n = 4$ bis $n = 30$ sukzessiv von 1.000 auf 1.000.000 gezogene Stichproben - mit je 50 Replikationen - erhöht. Die Endergebnisse der Simulation enthält Tabelle 5.8. Zur Kontrolle sind die Schätzwerte der bekannten Parameter ebenfalls in der Aufstellung enthalten und mit (†) gekennzeichnet.

Die Tendenzen, die sich bei den exakten Momenten andeuteten, werden durch die Simulationsergebnisse bestätigt (vgl. Tabelle 5.7): die Stichprobenmomente m_2 und m_4 nehmen bei beiden Stichprobenfunktionen bis $n = 30$ monoton ab, wobei die Momente der SPEARMANschen Stichprobenfunktion nach wie vor - für ein festgehaltenes n - jeweils größer sind, als die des KENDALLschen $T_{12.3}$. Ein unterschiedliches Konvergenzverhalten ist bei beiden Verteilungen $F_{R^*_{12.3}}$ und $F_{T_{12.3}}$ allerdings nicht zu vermuten, $b_2^{(1)}$ konvergiert dadurch etwas schneller gegen $b_2 = 3$. Hierbei ist es unwesentlich, daß die Monotonie der Folgen der $\{b_2^{(1)}\}$ und $\{b_2^{(2)}\}$ vereinzelt unterbrochen ist; selbst derart aufwendige Simulationsläufe enthalten Zufallsschwankungen, die diese Effekte verursachen (vgl. Tabelle 5.8). Die Schätzresultate bekräftigen insoweit also die Auswahl der PEARSON-Typ II-Verteilung als stetige Näherung für beide Stichprobenverteilungen; mit wachsendem n scheint auch eine Approximation durch die Normalverteilung interessant.

Tabelle 5.8[1)]

Schätzwerte der Funktionalparameter μ_2, μ_4 und β_2 der Stichprobenfunktionen $V_n^{(1)} = R^*_{12.3}$ und $V_n^{(2)} = T_{12.3}$

n	$V_n^{(1)} = R^*_{12.3}$			$V_n^{(2)} = T_{12.3}$		
	$m_2^{(1)}$	$m_4^{(1)}$	$b_2^{(1)}$	$m_2^{(2)}$	$m_4^{(2)}$	$b_2^{(2)}$
4	.5018 †	.3786 †	1.504 †	.2831 †	.1577 †	1.968 †
5	.3345 †	.2029 †	1.814 †	.1799 †	.0736 †	2.275 †
6	.2501 †	.1273 †	2.035 †	.1316 †	.0424 †	2.463 †
7	.1992 †	.0867 †	2.184 †	.1036 †	.0276 †	2.569 †
8	.1665	.0636	2.294	.0851	.0191	2.634
9	.1427	.0485	2.382	.0723	.0140	2.688
10	.1246	.0382	2.464	.0625	.0107	2.751
11	.1118	.0312	2.499	.0556	.0085	2.752
12	.0995	.0253	2.556	.0491	.0068	2.800
13	.0911	.0215	2.593	.0442	.0055	2.815
14	.0833	.0182	2.626	.0407	.0047	2.837
15	.0766	.0155	2.646	.0371	.0039	2.839

1) Zu den mit (†) versehenen Schätzwerten sind auch die Parameterwerte bekannt (vgl. Tabelle 5.7).

noch Tabelle 5.8

Schätzwerte der Funktionalparameter μ_2, μ_4 und β_2 der Stichprobenfunktionen $V_n^{(1)} = R^*_{12.3}$ und $V_n^{(2)} = T_{12.3}$

n	$V_n^{(1)} = R^*_{12.3}$			$V_n^{(2)} = T_{12.3}$		
	$m_2^{(1)}$	$m_4^{(1)}$	$b_2^{(1)}$	$m_2^{(2)}$	$m_4^{(2)}$	$b_2^{(2)}$
16	.0714	.0137	2.675	.0346	.0034	2.842
17	.0668	.0120	2.686	.0319	.0029	2.846
18	.0627	.0107	2.712	.0299	.0026	2.864
19	.0587	.0094	2.728	.0278	.0022	2.869
20	.0556	.0085	2.760	.0264	.0020	2.902
21	.0527	.0078	2.764	.0248	.0018	2.911
22	.0501	.0069	2.776	.0236	.0016	2.917
23	.0474	.0063	2.797	.0225	.0015	2.934
24	.0454	.0057	2.786	.0214	.0014	2.941
25	.0435	.0053	2.807	.0204	.0012	2.945
26	.0415	.0049	2.820	.0195	.0011	2.942
27	.0401	.0045	2.821	.0187	.0010	2.947
28	.0384	.0042	2.837	.0180	.0010	2.967
29	.0371	.0039	2.826	.0173	.0009	2.961
30	.0356	.0036	2.833	.0167	.0008	2.993

54242 Beurteilung der Approximationsqualität

Einen ersten Eindruck von der Größenordnung der Abweichungen der exakten von den stetigen Verteilungen vermögen die bereits definierten Maße $\Delta_1(\alpha,n)$ und $\Delta_2(\alpha,n)$ (vgl. Abschnitt 5422) zu vermitteln. Es wurden bei der Untersuchung neben der PEARSON-Typ II-Verteilung Parallelrechnungen auch für die Normalverteilung durchgeführt.

Da nur die für Testverfahren relevanten Bereiche der Verteilungen genauer untersucht wurden, kamen für beide Maße Signifikanzniveaus $\alpha \leq .1$ in Betracht. Für $\Delta_1(.1,n)$ wurden 20 Niveaus $\alpha_i = .005(.005).1$ überprüft, $\Delta_2(.1,n)$ bezieht sich auf alle Sprungstellen der exakten Verteilungen, deren Überschreitungswahrscheinlichkeiten $\leq .1$ sind.

Tabelle 5.9 enthält die Zusammenstellung der Ergebnisse; die PEARSON-Verteilung ist mit P II und die Normalverteilung mit NV gekennzeichnet.

Man erkennt die generelle Tendenz abnehmender Differenzen mit wachsendem n bei den exakten, wie bei den simulierten Verteilungen[1)]. Eine streng monotone Abnahme ist - bei extrem keinen n - jedoch nicht überall zu beobachten, was bei der Unregelmäßigkeit des Verlaufs der exakten Verteilungen auch verwundert hätte. Deutlicher noch, als bei der KENDALLschen Stichprobenfunktion, zeigt der Vergleich für SPEARMANs $R^*_{12.3}$ die besseren Anpassungsqualitäten der PEARSON-Verteilung auf. Die maximalen absoluten Abweichungen sind dort, mit einer Ausnahme, für die Typ II-Verteilung mindestens eine Zehnerpotenz geringer als bei der Normalverteilung.

Insgesamt lassen die Differenzen recht passable Annäherungen vermuten, die mit steigendem Stichprobenumfang eine Verwendung zumindest der PEARSON-Verteilung als approximative Prüfverteilung für statistische Tests empfehlen, zumal "Ausreißer" die maximalen Abweichungen $\Delta_1(.1,n)$ und $\Delta_2(.1,n)$ negativ beeinflussen können.

---

1) Die simulierten Verteilungen sind in Tabelle 5.9 nur zu Vergleichszwecken aufgeführt und deutlich abgegrenzt. Zur Beurteilung der Approximationsgüte können sie allenfalls Anhaltspunkte geben.

Tabelle 5.9

Beurteilung der Approximationsgüte der PEARSON-Typ II-Verteilung und der Normalverteilung

n	$V_n^{(1)} = R^*_{12.3}$				$V_n^{(2)} = T_{12.3}$			
	$\Delta_1^{(1)}(0.1,n)$		$\Delta_2^{(1)}(0.1,n)$		$\Delta_1^{(2)}(0.1,n)$		$\Delta_2^{(2)}(0.1,n)$	
	P II	NV	P II	NV	P II	NV	P II	NV
4	.0328	.0718	.0435	.0088	.2676	.3182	.0397	.0154
5	.0239	.2967	.0110	.0321	.1885	.1283	.0096	.0116
6	.0106	.3280	.0035	.0230	.0369	.0646	.0110	.0072
7	.0072	.2276	.0026	.0145	.0145	.0650	.0059	.0059
8	.0063	.2130	.0013	.0136	.0074	.0432	.0034	.0064
9	.0021	.1912	.0009	.0116	.0069	.0317	.0029	.0057
10	.0019	.1114	.0003	.0087	.0037	.0311	.0021	.0046

Auch aus diesem Grunde scheint es von Vorteil, die Randbereiche der Stichprobenverteilungen etwas genauer zu untersuchen.

Im Vergleich der Abweichungen Δ_1 (α_i,n) für die gängigsten Signifikanzniveaus α_i zeigt sich, daß die maximalen Abweichungen, die in Tabelle 5.9 festgehalten sind, fast durchweg noch deutlich unterschritten werden.

In der Tabelle 5.10 sind für die beiden Stichprobenverteilungen $F_{R^*_{12.3}}$ und $F_{T_{12.3}}$ - beschränkt auf die PEARSONsche Näherung - einige wenige Vergleichswerte zusammengestellt. Sie sind der Extrakt einer Reihe umfassender Untersuchungen von Signifikanzniveaus α_i, bei denen auch die Normalverteilung berücksichtigt wurde.

Ähnlich verhält es sich mit dem Vergleich der Überschreitungswahrscheinlichkeiten an den Sprungstellen der exakten Verteilungen. Durch die sprunghaft zunehmende Anzahl der Ausprägungen der Stichprobenfunktionen $R^*_{12.3}$ und $T_{12.3}$ wäre eine Ermittlung der Differenzen Δ_2 (v_i,n) ohne maschinelle Unterstützung einmal mehr nicht möglich gewesen. Die in Tabelle 5.9 festgehaltenen maximalen Abweichungen der Überschreitungswahrscheinlichkeiten wurden wiederum für die meisten Sprungstellen deutlich unterschritten. Eine der Tabelle 5.10 analoge Aufgliederung des Maßes $\Delta_2(.1,n)$ bringt also - über eine Bestätigung des bereits erarbeiteten hinaus - keine zusätzlichen Erkenntnisse und soll daher nicht erfolgen.

Stattdessen sind einige Abbildungen der interessanten Randbereiche der Verteilungen beigefügt, die - besser als Tabellen dazu in der Lage sind - auf einen Blick über die Verläufe der exakten und der approximativen Stichprobenverteilungen in diesen Randbereichen informieren können (vgl. Abbildungen 5.4 - 5.7).

Tabelle 5.10[1]

Beurteilung der Approximationsgüte der PEARSON-Typ II-Verteilung

n	$\Delta_1(.1,n)$	$\Delta_1(\alpha_i,n)$				
		Signifikanzniveau α_i				
		.005	.01	.025	.05	.1
				$V_n^{(1)} = R^*_{12.3}$		
4	.0328	-	-	-	-	.0265
5	.0239	-	-	.0139	.0056	.0028
6	.0106	.0106	.0031	.0036	.0038	.0029
7	.0072	.0072	.0014	.0009	.0012	.0008
				$V_n^{(2)} = T_{12.3}$		
4	.2676	-	-	-	.1462	.2676
5	.1885	-	-	.1267	.0673	.0122
6	.0369	.0369	.0031	.0077	.0086	.0017
7	.0145	.0021	.0071	.0023	.0013	.0038

1) Bei den mit (-) versehenen Tabellenfächern sind die exakten Überschreitungswahrscheinlichkeiten $G_{R^*_{12.3}}$ bzw. $G_{T_{12.3}} > \alpha_i$.

Erwähnung finden soll allerdings noch, daß die Normalverteilung durchaus nicht im gesamten Bereich $\alpha \leq .1$ der PEARSONschen Verteilung unterlegen ist. Man beobachtet - von ganz niedrigen Stichprobenumfängen abgesehen (dort ist eine Approximation ohnedies nicht interessant) - durchweg einen Schnittpunkt der Normalverteilung mit der PEARSON-Typ II-Verteilung und der exakten Verteilung im Bereich um $\alpha = .05$. Der Schnittpunkt der stetigen Verteilungen (Normalverteilung und Typ II), für den Schätzungen auch bei größeren n angestellt wurden, bleibt - für beide Stichprobenfunktionen - stets im Bereich $.04 \leq \alpha \leq .05$. Ein auf diesem Signifikanzniveau (einseitig) durchgeführter statistischer Test läßt bei Verwendung der Normalverteilung in etwa die Ergebnisse erwarten, die auch durch die PEARSONsche Approximation zu vermuten sind. Generell ist jedoch - selbst bei n = 30 noch - die Normalverteilung als Näherung für $F_{R^*_{12.3}}$ und $F_{T_{12.3}}$ der PEARSON-Verteilung deutlich unterlegen.

In den Abbildungen 5.4 - 5.7 sind die Funktionsverläufe der exakten und der angenäherten Stichprobenverteilungen von

$$V_n^{(1)} = R^*_{12.3} \quad \text{und} \quad V_n^{(2)} = T_{12.3}$$

für je zwei ausgesuchte Stichprobenumfänge dargestellt. Hierbei bezeichnet

	$F_{V'_{12.3}}$	die PEARSON-Verteilung
und	$F_{V''_{12.3}}$	die Normalverteilung.

Die herausgestellten Unterschiede in den Kurvenverläufen sowohl der exakten Verteilungen $F_{R^*_{12.3}}$ und $F_{T_{12.3}}$ als auch der jeweiligen Approximationen sind gut erkennbar. Die Qualität der PEARSONschen Näherung wird bereits bei den niedrigen Stichprobenumfängen (n = 5,6 und 7) augenscheinlich.

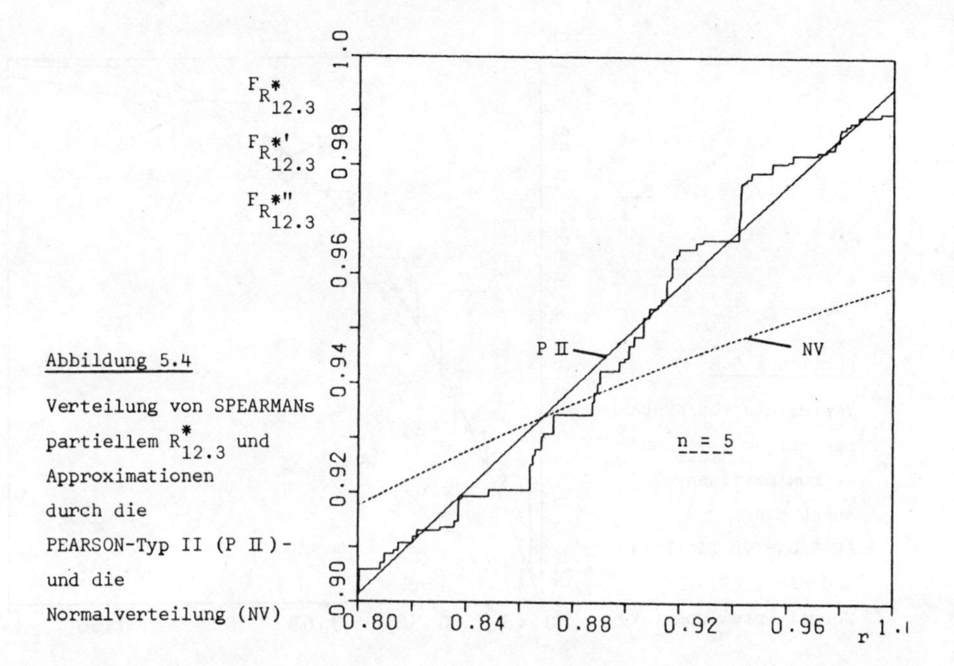

Abbildung 5.4

Verteilung von SPEARMANs partiellem $R^*_{12.3}$ und Approximationen durch die PEARSON-Typ II (P II)- und die Normalverteilung (NV)

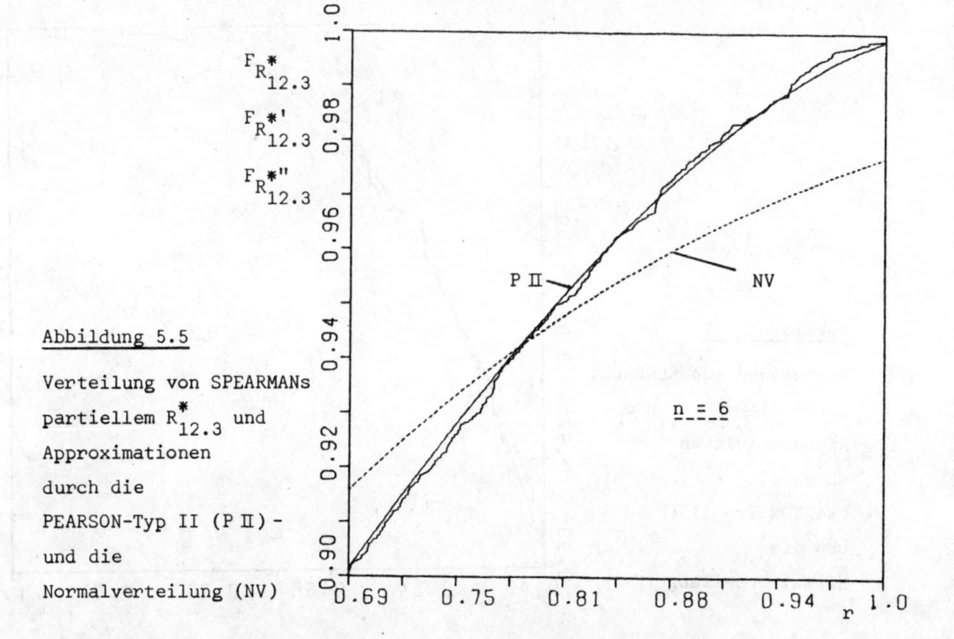

Abbildung 5.5

Verteilung von SPEARMANs partiellem $R^*_{12.3}$ und Approximationen durch die PEARSON-Typ II (P II)- und die Normalverteilung (NV)

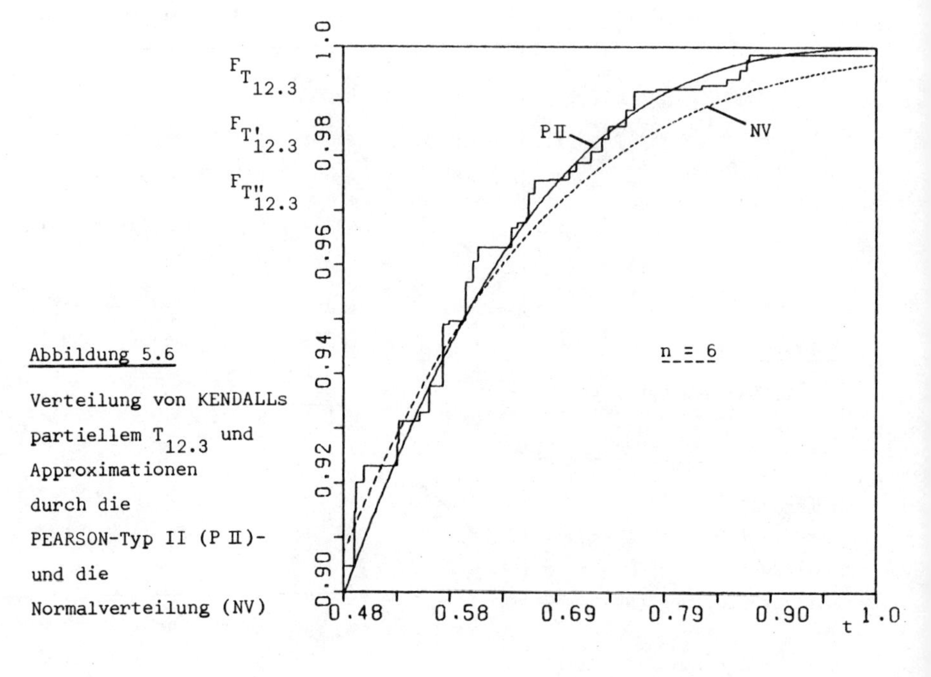

Abbildung 5.6

Verteilung von KENDALLs partiellem $T_{12.3}$ und Approximationen durch die PEARSON-Typ II (P II)- und die Normalverteilung (NV)

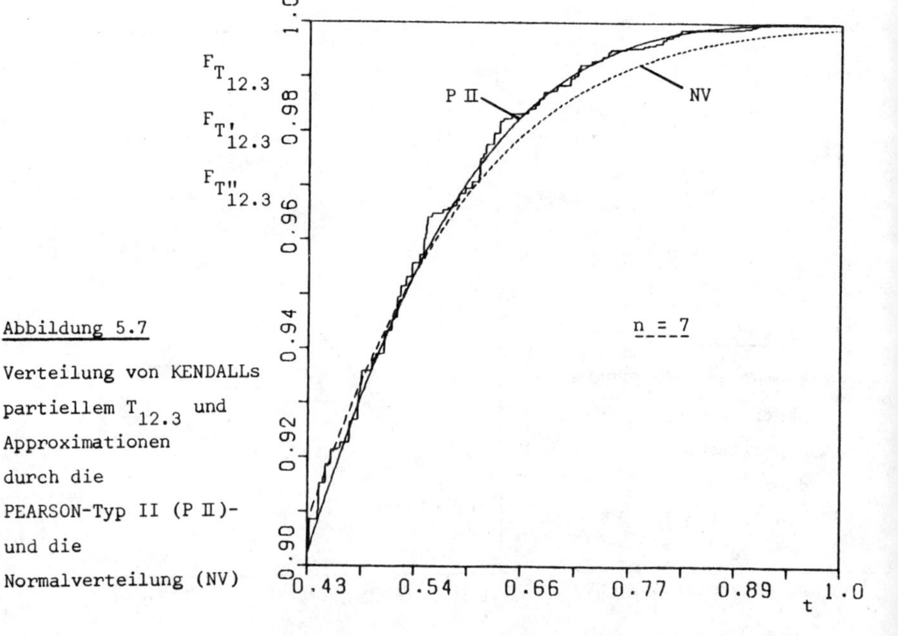

Abbildung 5.7

Verteilung von KENDALLs partiellem $T_{12.3}$ und Approximationen durch die PEARSON-Typ II (P II)- und die Normalverteilung (NV)

5425 Grenzverteilungen

Bei der Bestimmung von Approximationen der Stichprobenverteilungen des SPEARMANschen und des KENDALLschen partiellen Rangkorrelationsmaßes für mittlere Stichprobenumfänge blieb die Frage offen, welche Grenzverteilungen die Stichprobenfunktionen $V_n^{(1)}$ und $V_n^{(2)}$ für $n \to \infty$ besitzen.

Die Entwicklung der Folge der Schätzwerte für μ_2 und β_2 (vgl. Tabelle 5.8) deutet in beiden Fällen auf Normalverteilungen mit Erwartungswert Null und gegen Null gehenden Varianzen. Für $n \to \infty$ gelangt man so zu singulären Normalverteilungen, die sich in einem Punkt am Symmetriezentrum konzentrieren.

Lediglich für die KENDALLsche Stichprobenfunktion ist dies bisher nachgewiesen (vgl. HOEFFDING 1948, S. 324). Bereits 1948 konnte HOEFFDING zeigen, daß

(5.24) $\sqrt{n}\,(T_{12.3} - \tau_{12.3})$

die gleiche Grenzverteilung besitzt, wie die der einfachen KENDALLschen Stichprobenfunktion T_{12} funktional verbundene Größe

(5.25) $\sqrt{n}\,(T_{12} - \tau_{12})$,

wenn die Komponenten der dreidimensionalen Zufallsvariablen (X_1,X_2,X_3) voneinander unabhängig sind (vgl. dazu Abschnitt 541).

Die asymptotische Normalität der Wahrscheinlichkeitsverteilung von (5.25) wurde von DANIELS, KENDALL und HOEFFDING - ohne an die Voraussetzung der Unabhängigkeit der Komponenten von (X_1,X_2) gebunden zu sein - allgemein nachgewiesen (vgl. z.B. HOEFFDING 1948, S. 317).

55 Konstruktion statistischer Testverfahren

Die theoretischen Überlegungen sowohl wie die praktischen Untersuchungen dieses Kapitels dienten vornehmlich dem Zweck der Vorbereitung statistischer Testverfahren, Methoden also zur Überprüfung statistischer Hypothesen (Nullhypothesen) anhand konkret vorgegebener Stichprobenvektoren.

Aus der Vielzahl möglicher Nullhypothesen interessiert für die Zusammenhangsanalyse besonders die Unabhängigkeitshypothese.

Die bedingte Unabhängigkeitshypothese, formal

$$(5.26) \qquad F_{X_1,X_2|X_3}(x_1,x_2|x_3) = F_{X_1|X_3}(x_1|x_3) \cdot F_{X_2|X_3}(x_2|x_3)$$

$$\text{für alle } (x_1,x_2|x_3)$$

beinhaltet die partielle Unkorreliertheit der Merkmale in der Gesamtheit, hier durch

$$\Gamma_{12.3} = \left\{ \begin{matrix} \rho^*_{12.3} \\ \tau_{12.3} \end{matrix} \right\} = 0$$

hervorgehoben.

Zu dieser Implikation ist weder der Umkehrschluß zulässig, noch ist mit der Ablehnung der Nullhypothese die (bedingte) Unabhängigkeitshypothese (5.26) widerlegt. Einschränkungen der Alternativhypothesen auf Verletzung der partiellen Unkorreliertheit der untersuchten Rangreihen sind daher angezeigt (vgl. Tabelle 5.11).

Die Prüfverteilungen sind die unter der Annahme der Gültigkeit der Nullhypothese berechneten Stichprobenverteilungen der Stichprobenfunktionen

$$V_n^{(1)} = R^*_{12.3} \quad \text{und} \quad V_n^{(2)} = T_{12.3} \; .$$

Die exakten Testverfahren prüfen die Unabhängigkeitshypothese anhand der exakten Stichprobenverteilungen, den approximativen Tests liegen die stetigen Näherungsverteilungen des II. PEARSON-Typs zugrunde. Die Stichprobenfunktion (hier auch Prüffunktion) V_n steht wiederum gleichermaßen für $V_n^{(1)}$ wie $V_n^{(2)}$.

551 Exakter Test

Tabelle 5.11 enthält die Zusammenstellung der Testkriterien für den exakten Test sowohl anhand der SPEARMANschen, wie der KENDALLschen Prüffunktion.

Tabelle 5.11

Exakter Test auf partielle Unkorreliertheit von drei Rangreihen

Nullhypothese H_0	Alternativhypothesen H_A	Ablehnungsbereich K_α
$F_{X_1,X_2\|X_3} =$	$r_{12.3} < 0$	$V_n \leq v_{\alpha,n}$
$F_{X_1\|X_3} \cdot F_{X_2\|X_3}$	$r_{12.3} > 0$	$V_n \geq v_{1-\alpha,n}$
	$r_{12.3} \neq 0$	$\|V_n\| \geq v_{1-\alpha/2,n}$

Für die exakten kritischen Werte soll dabei gelten

$$v_{\alpha,n} = \max_v \{ V_n \mid P(V_n \leq v_{\alpha,n} \mid H_0) \leq \alpha \}$$

$$v_{1-\alpha,n} = \min_v \{ V_n \mid P(V_n \geq v_{1-\alpha,n} \mid H_0) \leq \alpha \}$$

und wegen der Symmetrie der exakten Prüfverteilungen

$$v_{\alpha,n} = - v_{1-\alpha,n} .$$

Der exakte Test kommt dann zur Anwendung, wenn entweder die exakten Wahrscheinlichkeitsverteilungen der Stichprobenfunktionen vorliegen oder die exakten kritischen Werte $v_{\alpha,n}$ bzw. $v_{1-\alpha,n}$ ohne Kenntnis der Stichprobenverteilung ermittelt werden können. Die zweite, in dem Programm PARANK vorgesehene Möglichkeit, erweitert den Anwendungsbereich des exakten Testverfahrens um einige Stichprobenumfänge durch die Generierung von exakten Überschreitungswahrscheinlichkeiten (vgl. Kapitel 6). Hierauf wird im einzelnen noch einzugehen sein.

552 Approximativer Test

Grundlage des approximativen Tests ist eine PEARSON-verteilte kontinuierliche Prüffunktion V_n', die mit den Stichprobenfunktionen $V_n^{(1)}$ und $V_n^{(2)}$ in den Stichprobenmomenten m_2 und m_4 übereinstimmt (vgl. Tabelle 5.8). Nachfolgend eine tabellarische Zusammenstellung der Testkriterien analog zu Tabelle 5.11.

Tabelle 5.12

Approximativer Test auf partielle Unkorreliertheit von drei Rangreihen

Nullhypothese H_0	Alternativhypothese H_A	Ablehnungsbereich K_α'
$F_{X_1,X_2\|X_3} =$	$r_{12.3} < 0$	$V_n' \leq v_{\alpha,n}'$
	$r_{12.3} > 0$	$V_n' \geq v_{1-\alpha,n}'$
$F_{X_1\|X_2} \cdot F_{X_2\|X_3}$	$r_{12.3} \neq 0$	$\|V_n'\| \geq v_{1-\alpha/2,n}'$

Die approximativen kritischen Werte $v_{\alpha,n}'$, $v_{1-\alpha,n}'$ sind mit den entsprechenden Quantilen der Verteilungsfunktion $F_{V_n'}$ identisch, der Symmetrie der Dichtefunktion wegen gilt hier auch

$$v_{\alpha,n}' = - v_{1-\alpha,n}' .$$

Trotz guter Anpassungsqualitäten der PEARSONschen Prüfverteilung kann die Empfehlung nur lauten, soweit möglich den exakten Test dem approximativen vorzuziehen. Vergleichsrechnungen anhand der Maße $\Delta_1 (\alpha_i, n)$ und $\Delta_2 (v_i, n)$ unter Berücksichtigung nun der Differenzenvorzeichen haben ergeben, daß in etwa 40 - 50 % aller gewählten Signifikanzniveaus und unter Berücksichtigung aller Sprungstellen v_i für $G_{V_{12.3}}(v_i) \leq .1$ für Tests anhand der SPEARMANschen wie der KENDALLschen Stichprobenfunktion die Beziehung

$$v_{1-\alpha,n} - v'_{1-\alpha,n} < 0$$

gilt, der approximative Test in den Fällen also konservativer[1] ist, als der exakte. Mit zunehmendem n verliert diese "Trägheit" des approximativen Tests - durch die Abnahme der Absolutdifferenz der kritischen Werte $v_{1-\alpha,n}$ und $v'_{1-\alpha,n}$ - jedoch rasch an Bedeutung.

Der Benutzer, der seine Untersuchung nicht maschinell mit PARANK durchführt, orientiert sich an den Tabellen des Anhangs B, in denen die kritischen Werte des approximativen und des exakten Verfahrens zusammen enthalten sind.

---

1) Ein konservativer Test hält länger, als geboten an der Nullhypothese fest.

6 PARANK, ein Programm zur partiellen Rangkorrelationsanalyse

Es liegt nahe, die Untersuchungsergebnisse der vorangegangenen Kapitel dem Interessierten nutzbar zu machen. Dies kann auf zweierlei Arten geschehen. Dem Anwender, der keine Rechnerunterstützung hat, werden Tabellen der exakten und approximativen Stichprobenverteilungen nützlich sein.

Wegen der mit zunehmendem n explosionsartig wachsenden Anzahl der Ausprägungen können Tabellen jedoch - selbst bei Beschränkung auf die Ränder der Verteilungen - kaum sämtliche Sprungstellen der exakten Verteilungsfunktionen ausweisen. Darüber hinaus erweist sich für größere Stichprobenumfänge schon die Berechnung der Stichprobenfunktionen als außerordentlich mühsam und zeitraubend.

Allgemein und bequemer anwendbar sind daher Algorithmen, die eine maschinelle Auswertung der Zufallsstichproben erlauben. Es wurde daher ein FORTRAN IV-Programm entwickelt, mit dessen Hilfe Tests auf partielle Unkorreliertheiten von dreidimensionalen Zufallsstichproben bis zu Stichprobenumfängen von $n = 30$ möglich sind.

61 Erläuterungen des Programmaufbaus

Durch eine Änderung des Testmodus konnten die Rechenzeiten des Programms stark reduziert werden. Soweit exakte Tests vorgenommen werden, orientiert sich das Programm nur an dem Konstruktionsprinzip der exakten Stichprobenverteilungen, die aufwendige Berechnung der Verteilungen selbst ist in PARANK nicht notwendig. Es werden statt dessen die Überschreitungswahrscheinlichkeiten der jeweiligen Realisationen der Stichprobenfunktionen aus den Zufallsstichproben ermittelt und in Signifikanzstufen eingeteilt. Besonders wirtschaftlich ist eine Option, die einen Testabbruch für den Fall vorsieht, in dem ein vorgegebenes Signifikanzniveau α gerade überschritten wird. Kann das Signifikanzniveau nicht überschritten werden, wird wiederum die exakte Überschreitungswahrscheinlichkeit ausgewiesen.

Durch die Bereitstellung der in der Simulationsuntersuchung ermittelten Stichprobenmomente (vgl. Tabelle 5.8, S. 68) konnte der Zeitaufwand der approximativen Tests ebenfalls auf ein Minimum reduziert werden.

Abbildung 6.1 enthält den schematisch vereinfachten Programmablaufplan von PARANK[1]. Er dient dazu, einen ersten Eindruck von dem Programmaufbau zu erhalten. Nachfolgend werden verschiedene Einzelheiten noch tiefergehend erläutert. Man erkennt zunächst die Bedeutung von vier Steuerparametern des Programms. Abhängig von der Setzung des Parameters IVAR lassen sich Stichprobenwerte in Rangwerte transformieren oder Rangwerte direkt verarbeiten. Die Variable KENN steuert die Testdurchführung nach der SPEARMANschen bzw. der KENDALLschen Stichprobenfunktion. Die Funktion von IAPROX ist ebenfalls offenkundig (vgl. Abbildung 6.1).

Die Bedeutung des Parametervektors

$$HYPO(I)\ ,\quad I = 1, \ldots, 3$$

soll näher erläutert werden. Bisher wurde die partielle Stichprobenfunktion stets als $V_{12.3}$ bestimmt, also die (Rang-) Korrelationen zweier Merkmale M_1 und M_2 unter Ausschaltung eventueller Einflüsse von Merkmal M_3 auf die beiden vorausgegangenen. Mit HYPO(I) wählt man die zu korrelierenden bzw. die festgehaltenen Merkmale nach Bedarf aus. Bei drei Merkmalen lassen sich so die Stichprobenfunktionen

$$V_{12.3}\ , \quad V_{13.2}, \quad \text{und} \quad V_{23.1}$$

untersuchen, ohne daß die Stichprobenwerte neu einzulesen wären. Besonders hilfreich kann diese Option bei der Analyse von je drei aus $m > 3$ Merkmalen sein.

---

1) Die Verbindungen der Sinnbilder der Ablaufpläne heißen Ablauflinien. Ihre Vorzugsrichtungen verlaufen - sofern nicht durch Pfeilspitzen kenntlich gemacht - von oben nach unten und von links nach rechts.

Dem Programmablaufplan in Abbildung 6.1 entnimmt man, daß dies durch eine sukzessive Erweiterung des Datensatzes ohne weiters möglich ist. Erst wenn alle zu untersuchenden Merkmalskonstellationen abgearbeitet sind, d.h., wenn

```
EOF(INPUT) = .TRUE. ,
```

wird der Programmlauf beendet.

In den folgenden Abschnitten werden die Algorithmen zur exakten und approximativen Testdurchführung (Sinnbilder exakte bzw. approximative Berechnung in Abbildung 6.1) etwas genauer dargestellt.

Abbildung 6.1

Programmablaufplan von PARANK

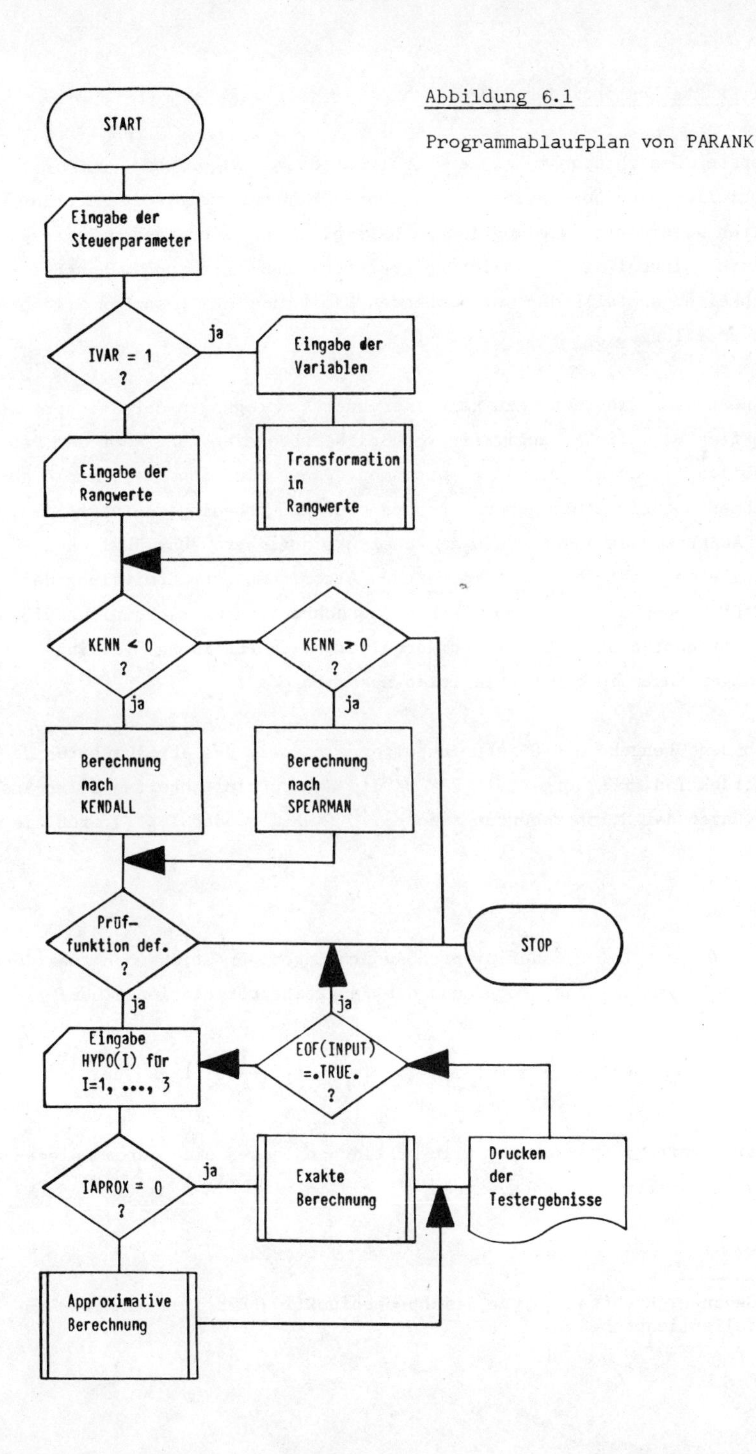

611 Exakte Testprozedur

Oberster Gesichtspunkt bei der Konstruktion von Algorithmen zum Testen partieller Rangkorrelationskoeffizienten kann nur sein, die Durchlaufzeiten so niedrig wie möglich zu halten. Einen wesentlichen Beitrag leistet hierbei die Heranziehung (exakter) Überschreitungswahrscheinlichkeiten anstelle der zeitraubenden Ermittlung der gesamten Stichprobenverteilungen.

Dennoch kann die Anzahl zu kalkulierender Ausprägungen der Stichprobenfunktion $V_{12.3}$ in Abhängigkeit von Stichprobenumfang und Wert der Prüffunktion[1] enorme Dimensionen annehmen. Daher sind innerhalb der Algorithmen unnötige Abfragen und Programmsprünge unbedingt zu vermeiden. In PARANK werden deshalb die im Konstruktionsschema sehr ähnlichen - wenngleich nicht übereinstimmenden - Algorithmen zur Ermittlung der SPEARMANschen und der KENDALLschen Überschreitungswahrscheinlichkeiten in getrennten Unterprogrammen durchlaufen. In Abbildung 6.2 sind beide Algorithmen in einem Ablaufplan zusammengefaßt.

Nach der Übergabe des Stichprobenumfangs n sowie des Absolutwertes der Prüffunktion (PFA) ermittelt PARANK die Wahrscheinlichkeiten aller Ausprägungen der Stichprobenfunktion $V_{12.3}$ (= $R^{*}_{12.3}$ oder $T_{12.3}$), für die

$$|v_{12.3}| \geq \text{PFA}$$

gilt. Von den $(n!-2)^2$ definierten Ausprägungen der Stichprobenfunktionen sind bei symmetrischer Anordnung der Rangreihenpermutationen nur

$$\frac{1}{8}\left[(n!-2)^2 - 2\,(n!-2)\right] = \left(\frac{n!}{4} - 1\right)\left(\frac{n!}{2} - 1\right)$$

Koeffizienten zu berechnen, alle restlichen lassen sich durch Spiegelung an Symmetrieachsen gewinnen.

---

1) Genauer: Realisation der Stichprobenfunktion für die konkrete Zufallsstichprobe.

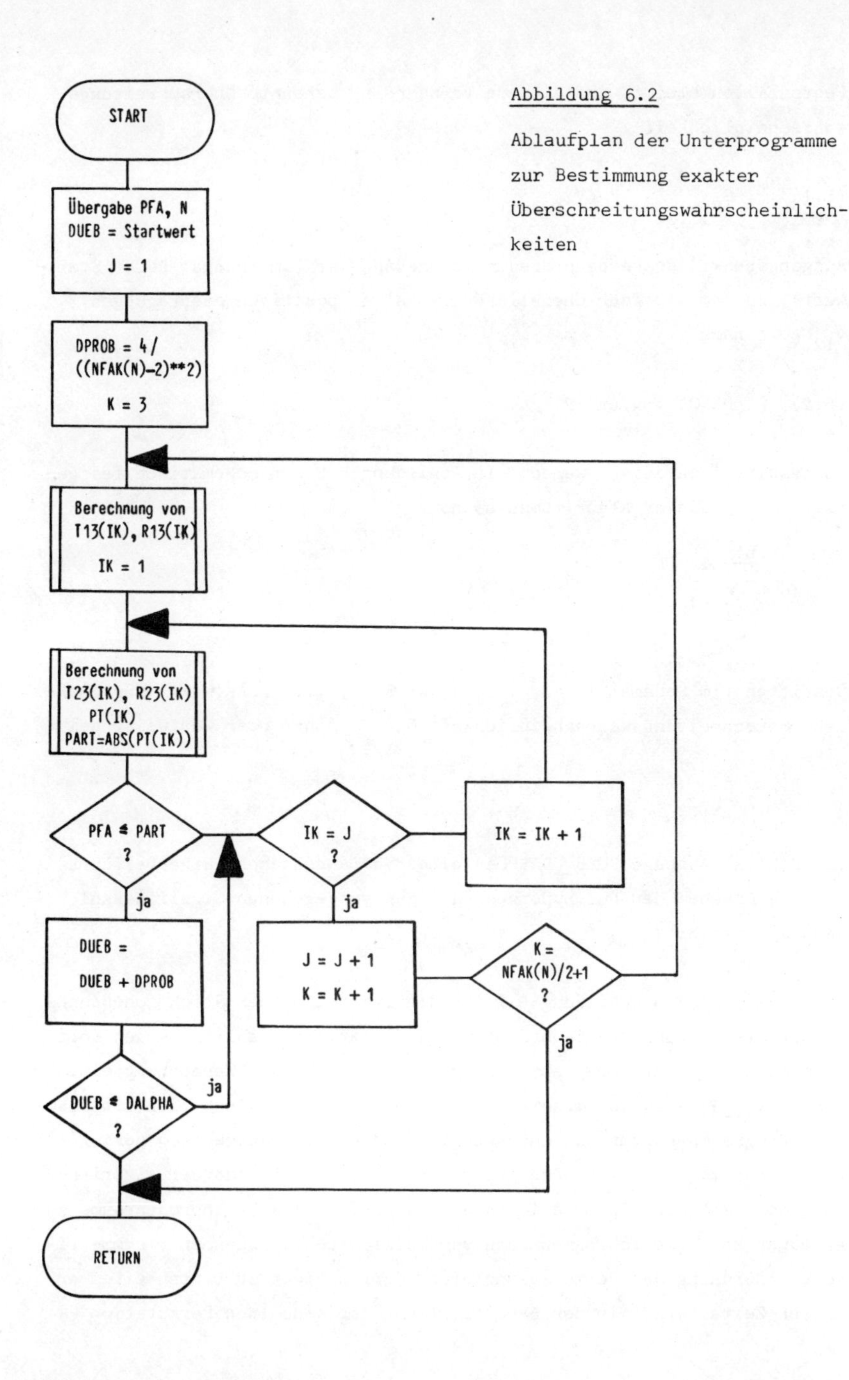

Abbildung 6.2

Ablaufplan der Unterprogramme zur Bestimmung exakter Überschreitungswahrscheinlichkeiten

Festzuhalten bleibt, daß die von vornherein bekannte Überschreitungswahrscheinlichkeit

(6.1) $G_{V_{12.3}} = P\,(V_{12.3} \geq 1) = 1/(n!-2)$

Ausgangspunkt der Rechenprozedur von PARANK ist (im Schema: DUEB = Startwert), zu dem die Wahrscheinlichkeiten aller positiven Ausprägungen $v_{12.3} < 1$ nach

(6.2) $DPROB = 4/(n!-2)^2$

sukzessiv hinzuaddiert werden. In Abbildung 6.2 ist schematisch festgehalten, wie dieser Algorithmus nach

$$\sum_{j=1}^{\frac{n!}{2}-2} j = \left(\frac{n!}{4} - 1\right)\left(\frac{n!}{2} - 1\right)$$

Schritten (im Schema: IK = 1, ..., J für K = 3, ..., NFAK(N)/2) zur exakten Überschreitungswahrscheinlichkeit $G_{V_{12.3}}$ führt oder wahlweise bei

$$G_{V_{12.3}} > \alpha$$

(im Schema: Abfrage DUEB $\leq$ DALPHA) einen Verfahrensabbruch herbeiführt und die Annahme der Nullhypothese auf dem vorgegebenen Signifikanzniveau α empfiehlt.

Im Ablaufplan der Abbildung 6.2 ist die Ermittlung der Stichprobenfunktionswerte in nur zwei Sinnbildern angedeutet. Tatsächlich werden dort eine Reihe von Unterprogrammen aufgerufen, die für die Berechnung eines Wertes $v_{12.3}$ teilweise mehrfach zu durchlaufen sind. Auch hier ist also eine Programmstruktur wünschenswert, die die Durchlaufzeit so gering wie irgend möglich hält. Den größten Einfluß hierauf hat der Algorithmus, der sämtliche Permutationen der Rangreihen des Stichprobenraums zu erzeugen hat. Die schon mehrfach verdeutlichten Vorzüge einer symmetrischen Anordnung der Permutationsfolgen dürfen nicht zu Lasten eines erhöhten Zeitaufwands in der Bereitstellung der einzelnen Permutation gehen.

Der Bedeutung dieses Aspekts war es angemessen, eine Vielzahl in einschlägigen Publikationen erwähnter Permutationstechniken nachzuvollziehen, sie in FORTRAN zu kodieren und auf einem leistungsfähigen Rechner einer vergleichenden Untersuchung zu unterziehen. Teilweise wurden bestehende Algorithmen breits durch geringfügige Änderungen leistungsfähiger. Als bestechend erwies sich ein Algorithmus, der von ORD-SMITH (1967) entwickelt und von MOHIT KUMAR ROY (1972) noch verbessert werden konnte. Durch einen im Prinzip simplen Kniff ist er doppelt so schnell wie der nächstschnellste, ohne die Vorzüge einer symmetrischen Anordnung der Permutationsfolgen aufzugeben. Er permutiert die Elemente der einzelnen Rangreihen nicht lexikographisch, sondern umgekehrt lexikographisch[1)]. Für die Symmetrie der Permutationsfolgen macht dies keinen Unterschied, die Durchlaufzeit kann jedoch entscheidend reduziert werden. Das k. Element einer Rangreihe der Länge n braucht so erst dann bewegt zu werden, wenn alle (n-k) Elemente dahinter bereits richtig angeordnet sind. Es ist ohne weiters einsehbar, welche Zeitersparnis das bei den hier gestellten Anforderungen erbringen kann.

Abbildung 6.3 erhält den Programmablaufplan dieses geschickten Algorithmus bereits in der verbesserten Version. Gründlicher, als durch eine Programmliste kann man so die Logik des Aufbaus nachvollziehen. Der Vektor X enthält die n Rangreihenelemente, die logische Variable FIRST initiiert die erste Permutationsänderung und betätigt den logischen Schalter FLAG. Anders, als bei ORD-SMITH vorgesehen, ist der Arbeitsvektor Q ins rufende Programm zurückzuleiten, wenn - wie im vorliegenden Fall - der Algorithmus simultan für verschiedene Rangreihen benutzt werden soll (Abfrage Q(K) = K ? führt sonst zu unsinnigen Ergebnissen, weil die Speicherinhalte von Q(K) für verschiedene Rangreihen unterschiedlich sind).

Weitere Einzelheiten der exakten Testprozedur entnimmt man der FORTRAN-Liste von PARANK in Anhang C.

---

1) Lexikographische Permutationen sind der Größe nach aufsteigend geordnet, umgekehrt lexikographische Permutationen entsprechend absteigend.

Abbildung 6.3

Ablaufplan des Permutationsalgorithmus nach ORD-SMITH

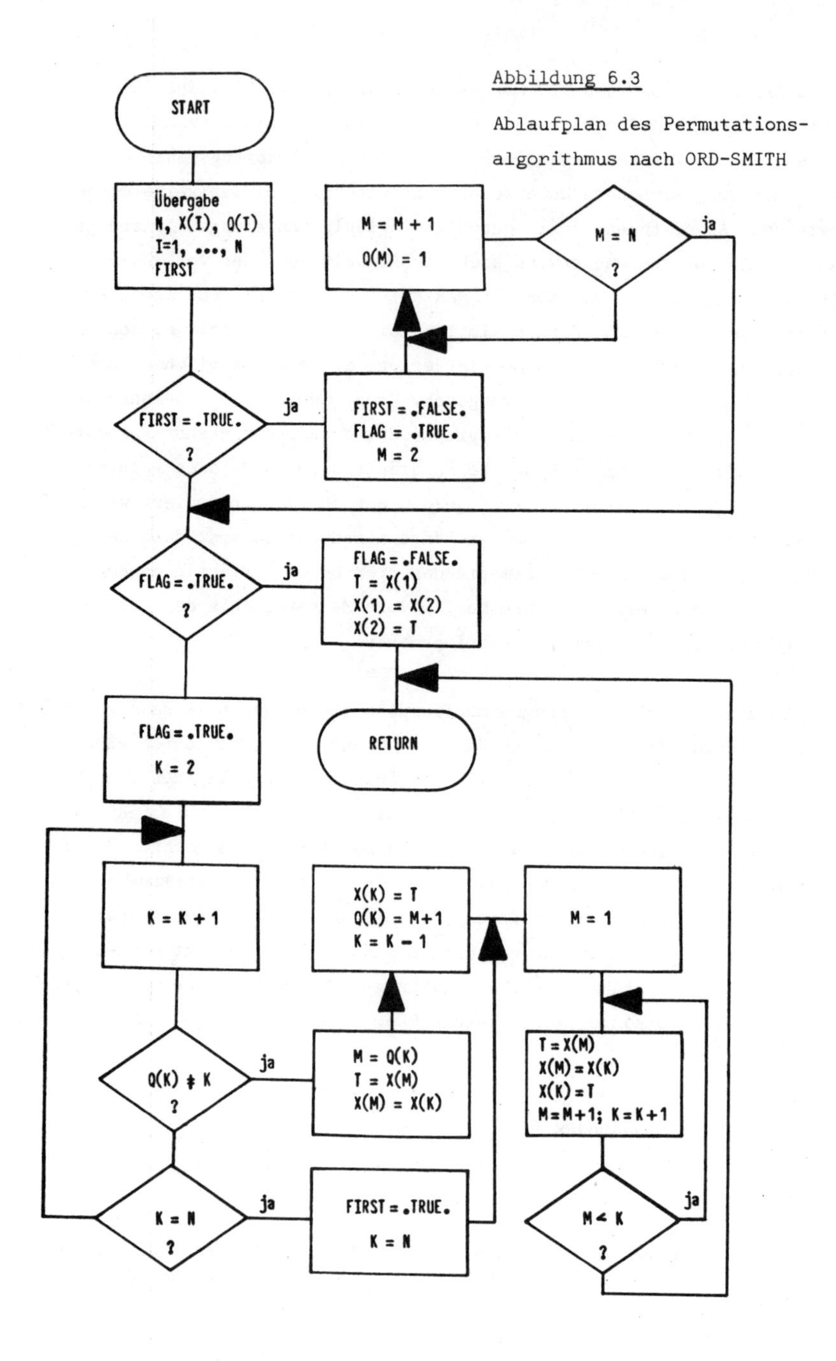

612 Approximative Testprozedur

Beim approximativen Test anhand der PEARSONschen Typ II- Verteilung werden, soweit vorhanden, die exakten 2. und 4. Momente zur Spezifizierung der Wahrscheinlichkeitsdichtefunktion benutzt. Für Stichprobenumfänge $n \leq 30$ werden ansonsten die in der Simulationsuntersuchung ermittelten Stichprobenmomente (vgl. Abschnitt 54241) in Form von DATA-Statements im Programm PARANK bereitgestellt (vgl. dazu Unterprogramm PEARSON in Anhang C, S. 91), was sich auf die Rechenzeit ebenfalls günstig auswirkt.

Abbildung 6.4 enthält den vereinfachten Programmablaufplan der Bestimmung approximativer Über- (Unter-) schreitungswahrscheinlichkeiten. Dieser geradlinige Programmverlauf beginnt mit der Übergabe des Prüffunktionswertes (DPRF), dem Stichprobenumfang (N) und einer Indikatorvariablen (L), die für die SPEARMANsche Berechnungsmethode mit dem Speicherinhalt L = 1, bei dem KENDALLschen Prinzip entsprechend mit L = 2 übergeben wird. L und N steuern dann die Auswahl der Stichprobenmomente aus dem DATA-Block des Unterprogramms PEARSON. Beispielsweise werden für L = 2 und N = 20 aus den DATA-Statements mit

```
VM2(2,20) = .02635176
VM4(2,20) = .00201526
```

die aus der Simulationsuntersuchung für das KENDALLsche partielle $T_{12.3}$ ermittelten Stichprobenmomente m_2 (VM2) und m_4 (VM4) für den Stichprobenumfang $n = 20$ entnommen und weiterverarbeitet (vgl. Tabelle 5.8, S. 68).

Einige Anmerkungen sind geboten zur Berechnung der Wahrscheinlichkeitsdichte der PEARSON Typ II-Funktion. Setzt man in (5.22) (Abschnitt 5424, S. 64) ein

$$(6.4)^{1)} \quad \begin{aligned} aq &= 2\mu_2 \, \beta_2 \, / \, (3 - \beta_2) \\ am &= (5\beta_2 - 9) \, / \, (6 - 2\beta_2) \, , \end{aligned}$$

---

1) Wenn statt der exakten die Stichprobenmomente benutzt werden, gilt analog: $aq = 2m_2 b_2 / (3 - b_2)$ und $am = (5b_2 - 9) / (6 - 2b_2)$.

so ergibt sich die Dichtefunktion als

$$(6.5)\qquad f_{V'_{12.3}}(v') = \begin{cases} \dfrac{(aq - v'^2)^{am}}{aq^{am+.5}\; B(.5;am+1)} & \text{für } -\sqrt{aq} \leq v' < \sqrt{aq} \\ 0 & \text{sonst} \end{cases}$$

Die Berechnung der Betafunktion erfolgt am bequemsten über die Gammafunktion mit

$$(6.6)\qquad B(.5;\,am+1) = \frac{\Gamma(.5)\;\;\Gamma(am+1)}{\Gamma(am+1.5)} \quad .$$

Wegen $\Gamma(.5) = \sqrt{\pi}$ erhält man in (6.5)

$$(6.7)\qquad f_{V'_{12.3}}(v') = \frac{(aq - v'^2)^{am}\;\Gamma(am+1.5)}{aq^{am+.5}\;\sqrt{\pi}\;\Gamma(am+1)} \quad .$$

Mit wachsendem Stichprobenumfang nähert sich b_2 dem Wert 3 (vgl. Tabelle 5.8, S. 68). Berechnet man Zähler und Nenner in (6.7) getrennt, können aus diesem Grunde die Exponenten am und (am + .5) den Bereich der maschinell darstellbaren Zahlen verlassen[1].

Dem kann man durch folgende Umformung vorbeugen:

$$(6.8)\qquad f_{V'_{12.3}}(v') = \frac{\exp\{am\ \ell n(aq - v'^2) + \ell n\ \Gamma(am+1.5)}{\exp\{(am+.5)\ \ell n(aq) + \ell n\sqrt{\pi} + \ell n\Gamma(am+1)}$$

$$= \exp\{\left[am\ \ell n(aq - v'^2) + \ell n\ \Gamma(am+1.5)\right] - \left[(am+.5)\ \ell n(aq) + \ell n\ \sqrt{\pi} + \ell n\ \Gamma(am+1)\right]\}.$$

1) Bei der CD CYBER 76/72 geht der Darstellungsbereich von Gleitkommavariablen von exp{-674} bis exp{741}.

Dadurch reduziert man den Exponenten, bevor die Potenzierung vorgenommen wird. In PARANK wurde die logarithmierte Gammafunktion durch einen Algorithmus nach PIKE und HILL (1966) approximiert (vgl. DOUBLE PRECISION FUNKTION LGAM, Anhang C, S. 134). Zur Sicherheit läßt sich wegen Zähler (az) $\leq$ Nenner (an) nun ohne weiteres vereinbaren, daß

$$f_{V'_{12.3}}(v') = 0$$

gesetzt wird, falls az - an < c, c < 0. In PARANK wurde c = -200 gesetzt. So erhält man in (6.8) durch Setzung

$$\exp\{-200\} := 0 \quad \text{anstelle von} \quad \exp\{-200\} = 1.4 \cdot 10^{-87}.$$

Durch diese Überlegung ist die Dichtefunktion des II. PEARSON-Typs stets bestimmbar. Im Unterprogramm INTGRAL erfolgt die Berechnung des bestimmten Integrals dieser Dichtefunktion von ihrer Nullstelle $-\sqrt{aq}$ bis DPRF (vgl. auch Abbildung 6.4). Das numerische Integral wird nach dem ROMBERGschen Verfahren der fortgesetzten Halbierung bestimmt und weicht von dem analytisch berechneten Integral um maximal $|\varepsilon| = 10^{-5}$ ab (vgl. STIEFEL 1976, S. 131). Die Rechengenauigkeit kann durch den Parameter PDEL in Unterprogramm INTGRAL variiert werden. Die Auswertung des Integrals nach

$$(6.9) \qquad \text{DFUNKT} = \int_{-\sqrt{aq}}^{\text{DPRF}} f_{V'_{12.3}}(v')\, dv'$$

führt zur gesuchten Überschreitungswahrscheinlichkeit

$$P\,(V'_{12.3} \geq v') = 1 - \text{DFUNCT} \qquad \text{für DPRF} \geq 0.$$

Für DPRF < 0 wird linksseitig gestetet und entsprechend die Unterschreitungswahrscheinlichkeit

$$F_{V'_{12.3}}(v') = P\,(V'_{12.3} \leq v') = \text{DFUNCT}$$

herangezogen.

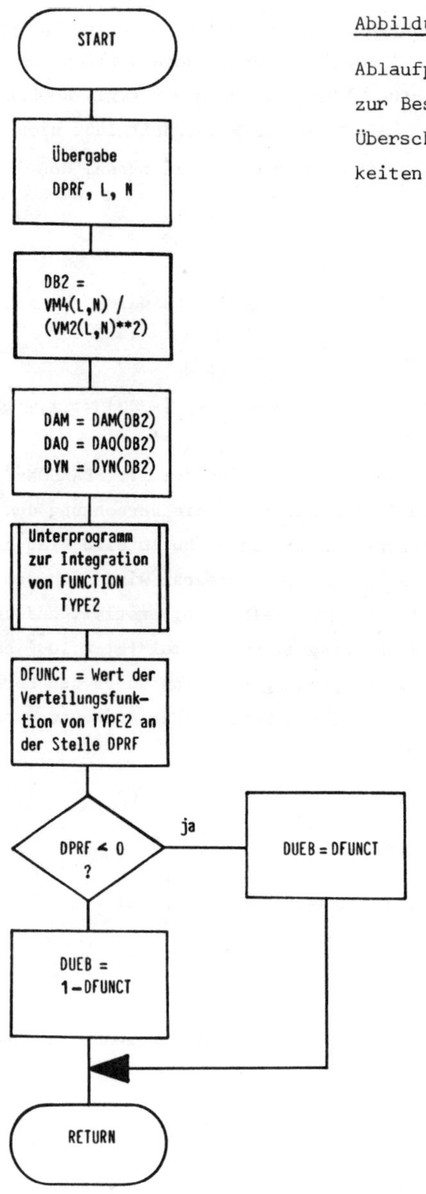

Abbildung 6.4

Ablaufplan der Unterprogramme zur Bestimmung approximativer Überschreitungswahrscheinlichkeiten

62 Programmanwendungsbeispiele

Zur Erläuterung der Arbeitsweise von PARANK sollen nun einige Anwendungsbeispiele folgen, die ebenfalls der Demonstration der erarbeiteten Ergebnisse der vorangegangenen Kapitel dienen können.

Zu diesem Zweck werden die Rangzahlen zweier konkreter vierdimensionaler Zufallsstichproben

$$[(x_{11}, x_{21}, x_{31}, x_{41}), \ldots, (x_{1n}, x_{2n}, x_{3n}, x_{4n})]$$

zunächst für einen Stichprobenumfang von $n = 30$, dann für $n = 7$ je tripelweise untersucht. Die Abbildungen 6.5 - 6.10 zeigen die 6 (paarweisen) Streudiagramme[1], die aus den vier Rangreihen für für $n = 30$ gebildet werden können. Hierbei wird bewußt auf eine Skalierung der Abszissen und Ordinaten verzichtet, damit nicht der Eindruck einer zugrundeliegenden Metrik entsteht. Die Abstände zwischen den Symbolen lassen sich daher auch - solange die Monotonität der Zusammenhänge erhalten bleibt - im Einzelfall näher zusammenrücken oder weiter auseinanderziehen. Wesentlich soll sein, daß man die Unterschiede in Straffheit und Richtung der Zusammenhänge zwischen den Rangreihen optisch erfaßt. Zur Unterstützung des optischen Eindrucks sind die einfachen Rangkorrelationskoeffizienten nach SPEARMAN und KENDALL in Tabelle 6.1 festgehalten. Zusätzlich enthält die Tabelle die entsprechenden Rangkorrelationskoeffizienten für die zweite Stichprobe vom Umfang $n = 7$, die ebenfalls untersucht wird. Auf eine graphische Darstellung der Rangpaare für die zweite Stichprobe kann verzichtet werden, weil sie der gleichen Gesamtheit entnommen ist, wie die Stichprobe von $n = 30$.

---

1) Die mit "O" gekennzeichneten Abbildungen 6.5 - 6.7 enthalten die Streudiagramme der ersten Rangreihe mit den restlichen dreien, die mit "+" versehenen Abbildungen 6.8 - 6.9 die der zweiten mit der dritten und vierten; mit "*" schließlich ist das Streudiagramm der dritten und vierten Rangreihe (Abbildung 6.10) kenntlich gemacht.

Streudiagramme des Anwendungsbeispiels für n = 30

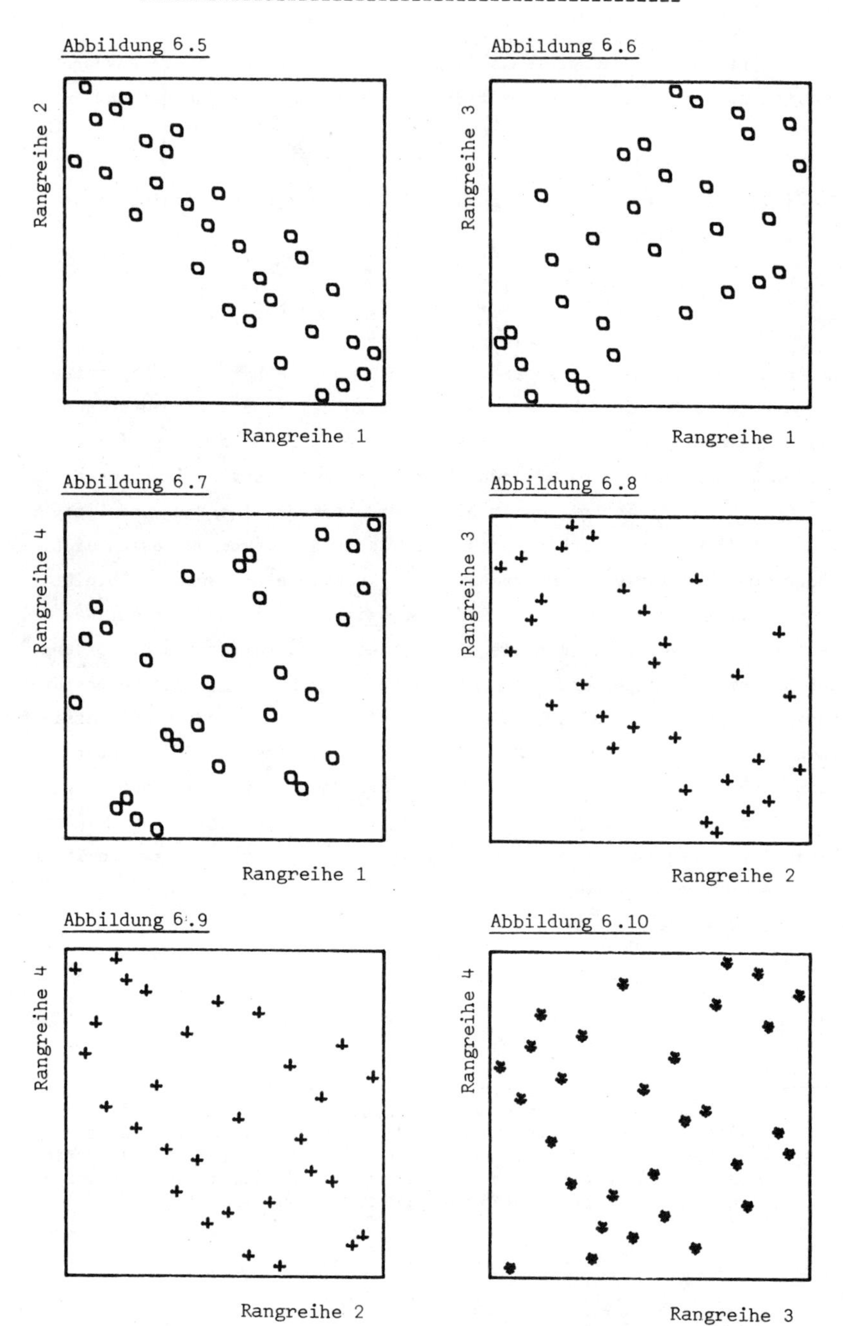

Tabelle 6.1

Werte der einfachen Stichprobenfunktionen nach SPEARMAN (R^*_{ij}) und KENDALL (T_{ij}) der Anwendungsbeispiele für n = 7 und n = 30

Rangreihen	Werte der Stichprobenfunktionen			
	n = 7		n = 30	
	$R^*_{ij} = r^*_{ij}$	$T_{ij} = t_{ij}$	$R^*_{ij} = r^*_{ij}$	$T_{ij} = t_{ij}$
12	-.8214	-.6191	-.8892	-.7012
13	.2500	.2381	.5853	.3931
14	.4643	.3333	.3722	.2598
23	.1071	.1429	-.6085	-.4161
24	-.4286	-.3333	-.4870	-.3563
34	.1071	.1429	.1795	.1218

Man erkennt, daß gegebene Zusammenhänge vom SPEARMANschen Koeffizienten für $n = 30$ durchweg und für $n = 7$ in der Regel stärker bewertet werden, als von der KENDALLschen Stichprobenfunktion. Dieser Umstand wurde bereits ausführlich diskutiert; die SPEARMANsche Stichprobenfunktion gewichtet durch die Quadrierung der Rangdifferenzen weiter auseinanderliegende Rangpaare stärker, als dies bei der KENDALLschen Konstruktionsmethode geschieht. Je größer der Stichprobenumfang, desto deutlicher wird dies spürbar.

Beide Maße geben jedoch zutreffend wieder, was man den Abbildungen 6.5 - 6.10 bereits entnehmen konnte: aus dem Spektrum möglicher Zusammenhangsintensitäten sind für die Beispielrechnungen einige nach Richtung und Stärke unterschiedliche Konstellationen herausgegriffen worden.

Tabelle 6.2 enthält die Ergebnisse des mit PARANK durchgeführten zweiseitigen approximativen Tests auf partielle Unkorreliertheit von je drei aus vier Rangreihen für $n = 30$. Der Spalte "Hypothese ij.k" entnimmt man, welche Reihen den Testverfahren unterzogen wurden. Die Hypothese Nr. 5 etwa testet (zweiseitig) die Unkorreliertheit der ersten und der vierten Rangreihe unter Ausschaltung des Einflusses der zweiten Rangreihe auf die beiden zu untersuchenden. Die benachbarten Spalten 1a und 2a enthalten die Werte der Stichprobenfunktionen $V_{ij.k} = v_{ij.k}$. Schließlich sind in den Spalten 1b und 2b die Testergebnisse in Form von approximativen Über- oder Unterschreitungswahrscheinlichkeiten festgehalten, je nachdem, ob die Stichprobenfunktionswerte $v_{ij.k}$ den rechtsseitigen oder den linksseitigen Signifikanzschranken näher sind.

Der Platzhalter $H_{V'_{ij.k}}$ bedeutet also

$$H_{V'_{ij.k}} := \begin{cases} G_{V'_{ij.k}} & \text{für } v_{ij.k} \geq 0 \\ F_{V'_{ij.k}} & \text{für } v_{ij.k} < 0 \end{cases}$$

(vgl. auch S. 93 unten).

Tabelle 6.2

Ergebnisse des zweiseitigen Tests auf partielle Unkorreliertheit von je drei aus vier Rangreihen für n = 30 anhand approximativer Stichprobenverteilungen

Nr.	Hypothese	Wert der Stichprobenfunktion		approximative Über- (Unter-) schreitungswahrscheinlichkeit	
	ij.k	$R^*_{ij.k}$	$T_{ij.k}$	$H_{R^*_{ij.k}}'$	$H_{T_{ij.k}}'$
		1a	2a	1b	2b
1	12.3	-.829	-.643	.000 +++	.000 +++
2	12.4	-.873	-.675	.000 +++	.000 +++
3	13.2	.122	.156	.263	.113
4	13.4	.568	.377	.001 +++	.002 +++
5	14.2	-.152	.015	.214	.454
6	14.3	.335	.232	.038 +	.036 +
7	23.1	-.237	-.214	.107	.048 +
8	23.4	-.606	-.402	.000 +++	.001 +++
9	24.1	-.368	-.253	.025 ++	.025 ++
10	24.3	-.484	-.339	.004 +++	.004 +++
11	34.1	-.051	.022	.316	.432
12	34.2	-.169	-.031	.190	.405

Signifikante Testergebnisse sind markiert. Beim zweiseitigen Test bedeuten

keine Markierung : nicht signifikant ($H > .05$)
+ : schwach signifikant ($.025 < H \leq .05$)
++ : signifikant ($.005 < H \leq .025$)
+++ : stark signifikant ($H \leq .005$) .

Für einseitige Tests sind sämtliche Signifikanzschranken mit zwei zu multiplizieren.

Auch bei den partiellen Stichprobenfunktionen beobachtet man, daß die Werte des SPEARMANschen Maßes betragsmäßig größer ausfallen, als die entsprechenden KENDALLschen Koeffizienten (Ausnahme: Hypothese Nr. 3). Die stärkere zentrale Tendenz der Stichprobenverteilungen nach KENDALL gleicht dies in etwa wieder aus; sie haben für übereinstimmende n durchweg weniger Wahrscheinlichkeitsmasse an den Rändern, als die SPEARMANsche Stichprobenverteilung (vgl. dazu die Ausführungen in Abschnitt 5412, S. 58). Mit einer Ausnahme (Hypothese Nr. 7) gelangen daher beide Tests zu übereinstimmenden Ergebnissen bezüglich der vorgegebenen Signifikanzschranken.

Die Folgen der mit wachsendem n zunehmenden Trennschärfe zeigt die Analyse der Stichprobe vom Umfang n = 7. Obwohl die vier Rangreihen der gleichen Gesamtheit entstammen, die auch dem ersten Beispiel zugrunde lag, ergeben sich in Tabelle 6.3 weit weniger signifikante Testergebnisse.

Tabelle 6.3

Ergebnisse des zweiseitigen Tests auf partielle Unkorreliertheit von je drei aus vier Rangreihen für n = 7 anhand approximativer und exakter Stichprobenverteilungen

Nr.	Hypothese	Wert der Stichprobenfunktion		Über- (Unter-) schreitungswahrscheinlichkeiten H			
				approximativ		exakt	
	ij.k	$R^*_{ij.k}$	$T_{ij.k}$	$H_{R^{*\prime}_{ij.k}}$	$H_{T^{\prime}_{ij.k}}$	$H_{R^*_{ij.k}}$	$H_{T_{ij.k}}$
		1a	2a	1b	2b	1c	2c
1	12.3	-.881	-.679	.012 ++	.014 ++	.012 ++	.014 ++
2	12.4	-.778	-.571	.035 +	.037 +	.036 +	.035 +
3	13.2	.596	.420	.104	.102	.107	.102
4	13.4	.227	.204	.330	.275	.328	.287
5	14.2	.218	.172	.337	.308	.335	.305
6	14.3	.455	.311	.180	.178	.180	.183
7	23.1	.566	.381	.119	.127	.121	.127
8	23.4	.170	.204	.372	.275	.370	.287
9	24.1	-.093	-.172	.429	.308	.428	.305
10	24.3	-.445	-.361	.186	.140	.185	.138
11	34.1	-.010	.069	.492	.420	.492	.420
12	34.2	.170	.204	.372	.275	.370	.287

Ebenfalls hochinteressant ist die Gegenüberstellung der approximativen und der exakten Testprozeduren in Tabelle 6.3. Vergleicht man die Zahlenkolonnen der Spalten 1b und 1c, sowie 2b und 2c, so konstatiert man bereits für n = 7 erstaunlich gute Übereinstimmungen in den Ergebniswahrscheinlichkeiten.

Da die Qualität der Approximation mit steigendem n erwartungsgemäß noch zunimmt, ist die Anwendung der approximativen Testprozedur bedenkenlos zu empfehlen.

Ein weiteres Plus liegt in der enormen Rechenzeitersparnis. Zum approximativen Testen aller 12 Hypothesen wurden von PARANK auf einer CD CYBER 76 für n = 7 .16 sec und für n = 30 .3 sec CPU-Zeit (C entral P rocessing U nit-time) benötigt. Auf der selben Maschine betrug die Zeit zum exakten Testen aller 12 Hypothesen - allerdings ohne Abbruch bei Erreichung bestimmter Signifikanzschranken - für das SPEARMANsche Verfahren 1 200 sec und für die KENDALLsche Methode gar 3 600 sec CPU-Zeit.

7 Ausblick auf Möglichkeiten und Grenzen von Verallgemeinerungen

Die Modellerweiterung auf mehr als drei Rangreihen kann analog dem metrischen Vorbild erfolgen, weil in den Abschnitten 531 und 532 gezeigt werden konnte, daß das metrische Partialisierungskonzept - unter bestimmten Voraussetzungen - auf die SPEARMANsche und die KENDALLsche Stichprobenfunktion anwendbar ist.

Die Darstellung der partiellen Stichprobenfunktionen läßt sich auf m Rangreihen sukzessiv erweitern, wobei der partielle Koeffizient für m Rangreihen sich ergibt aus der algebraischen Verknüpfung dreier partieller Koeffizienten für m -1 Rangreihen, jeder von diesen wiederum aus drei partiellen Koeffizienten für m - 2 Rangreihen usw.. Im Prinzip läßt sich jede partielle Stichprobenfunktion für m Rangreihen auf $\binom{m}{2}$ einfache Stichprobenfunktionen zurückführen[1].

Diese Modellerweiterung ist in der praktischen Durchführung jedoch nicht unproblematisch. Bei 10 Rangreihen müssen bereits 45 einfache Koeffizienten berechnet werden, die dann sukzessiv miteinander verknüpft die partielle Stichprobenfunktion ergeben; eine von Hand nicht mehr zu bewältigende Prozedur.

Ungünstiger noch ist es um die zufallskritische Beurteilung von Stichproben bestellt. Exakte Verteilungen sind nach dem dargestellten Muster mit vertretbaren Rechenaufwand selbst maschinell nicht mehr bestimmbar, ihre Kenntnis für geringe Stichprobenumfänge ist jedoch Voraussetzung für die Auswahl von geeigneten Approximationen, die näherungsweise induktive Analysen erlauben.

---

1) Es gibt $\binom{m}{2}$ Möglichkeiten, aus m Reihen paarweise Koeffizienten zu bilden.

Die allgemeine Stichprobenfunktion

$$V_{12.3\ldots m} = \frac{\sum_i \sum_j C_{1.3\ldots m_{ij}} C_{2.3\ldots m_{ij}}}{\sqrt{(\sum_i \sum_j C^2_{1.3\ldots m_{ij}})(\sum_i \sum_j C^2_{2.3\ldots m_{ij}})}}$$

hier wiederum als einfacher Korrelationskoeffizient der Residuen formuliert,

wird in der Rekursivschreibweise zu

$$V_{12.3\ldots m} = \frac{V_{12.4\ldots m} - V_{13.4\ldots m} V_{23.4\ldots m}}{\sqrt{(1 - V^2_{13.4\ldots m})(1 - V^2_{23.4\ldots m})}},$$

wobei

$$V_{12.3\ldots m} = \begin{cases} R^*_{12.3\ldots m} \\ T_{12.3\ldots m} \end{cases}$$

gleichermaßen - wie gewohnt- die SPEARMANsche und die KENDALLsche Stichprobenfunktion repräsentiert.

Bezeichnet man den partiellen Koeffizienten $V_{12.3}$ für drei Rangreihen als partielle Stichprobenfunktion 1. Ordnung, so enthält (6.3) eine mögliche Darstellung der partiellen Stichprobenfunktion (m-2). Ordnung.

Alternative Darstellungsmöglichkeiten existieren schon für partielle Stichprobenfunktionen wenigstens 2. Ordnung.

Erhielt man bei drei Rangreihen mit

$$V_{12.3} = \frac{V_{12} - V_{13}\,V_{23}}{\sqrt{(1 - V_{13}^2)\,(1 - V_{23}^2)}}$$

nur eine einzige Zuordnung, so gibt es bei vier Rangreihen mit

$$(7.1) \qquad V_{12.3\overset{\downarrow}{4}} = \frac{V_{12.4} - V_{13.4}\,V_{23.4}}{\sqrt{(1 - V_{13.4}^2)\,(1 - V_{23.4}^2)}}$$

sowie

$$(7.2) \qquad V_{12.\overset{\downarrow}{3}4} = \frac{V_{12.3} - V_{14.3}\,V_{24.3}}{\sqrt{(1 - V_{14.3}^2)\,(1 - V_{24.3}^2)}}$$

bereits zwei Partialisierungsmöglichkeiten, die zum gleichen Ergebnis führen. Der Pfeil deutet auf den Index derjenigen Rangreihe, die bei der Ermittlung von $V_{12.34}$ aus den partiellen Koeffizienten nächst niederer Ordnung nicht "festgehalten" wird (d.h. bei der Partialisierung unberücksichtigt bleibt). Es ist evident, daß sich die Darstellungen (7.1) und (7.2) lediglich in der Vertauschung der Indizes 3 und 4 unterscheiden.

Allgemein gibt es auf jeder Partialisierungsstufe genau so viel äquivalente Darstellungen, wie es "festgehaltene" (Rang-) Reihen gibt. Für

$$V_{12.\overset{\downarrow}{3}\ldots\overset{\downarrow}{(m-1)}\overset{\downarrow}{m}}$$

ergeben sich so allein (m-2) Möglichkeiten, Koeffizienten (m-3). Ordnung zu verknüpfen, jeder von diesen wiederum ist aus (m-3) verschiedenen partiellen Koeffizienten (m-4). Ordnung darstellbar usw. . Durch die rekursive Ermittlungsprozedur gelangt man für die partiellen Stichprobenfunktion $V_{12.3\ldots m}$ zu (m-2)! alternativen Berechnungsfolgen.

Zur Ermittlung der Stichprobenverteilungen nach dem gewohnten Konzept muß erneut der gesamte Stichprobenraum ausgeschöpft werden, d.h. es müssen alle möglichen Stichproben gebildet und die Stichprobenfunktionen jeweils daraus bestimmt werden.

Eine der m Rangreihen braucht wiederum nicht permutiert zu werden, da die m-te Permutation lediglich eine Positionsverschiebung der m-tupel von Rangwerten und keine unterschiedliche Zusammensetzung der Stichprobe erzeugt. Man erhält $n!^{m-1}$ Permutationen der ganzzahligen Rangwerte, die - unter einer zutreffenden Annahme der bedingten Unabhängigkeit - alle gleich wahrscheinlich sind. Am günstigsten ist es auch hier, die "festgehaltene" m-te Rangreihe in natürlicher Ordnung vorzugeben. Es interessieren dann alle $n!^{m-1}$ Realisationen

$$[(p_{11}, \ldots, p_{(m-1)1}, 1), \ldots, (p_{1n}, \ldots, p_{(m-1)n}, n)].$$

Aus den (m-2)! alternativen Berechnungsfolgen der partiellen Stichprobenfunktionen (m-2). Ordnung wird natürlich auf jeder Stufe nur eine einzige ausgewählt. Da jede partielle Stichprobenfunktionen (m-i). Ordnung aus drei partiellen Koeffizienten der Ordnung (m-i-1), (i = 2, ..., m-2) gebildet wird, die partiellen Funktionen 1. Ordnung ihrerseits aus je drei einfachen, sind selbst dann noch insgesamt 3^{m-2} einfache Koeffizienten miteinander zu verknüpfen. Da es aber nur $\binom{m}{2}$ verschiedene einfache Stichprobenfunktionen aus m Rangreihen geben kann (vgl. Fußnote 1, S.103), entsteht die Diskrepanz durch mehrfaches Verwenden einzelner Stichprobenfunktionen V_{ij} $\{i \neq j \in (1,m)\}$ bei der Ermittlungsprozedur. Tabelle 7.1 veranschaulicht diese Struktur an einem Beispiel für 5 Rangreihen. Sie zeigt eine mögliche Zerlegung eines partiellen Koeffizienten der Ordnung 3. Man erkennt auf der untersten Zerlegungsstufe $3^{m-2} = 3^3 = 27$ einfache Korrelationskoeffizienten, von denen jedoch nur $\binom{m}{2} = \binom{5}{2} = 10$ verschieden sind. Aus dem Konstruktionsschema für drei Rangreihen ist noch erinnerlich, daß nicht alle $\binom{m}{2}$ einfachen Koeffizienten stets einen interpretierbaren Beitrag zur Stichprobenverteilung leisten. Je nach Konstellation der einzelnen Rangreihen müssen diejenige Fälle ausgesondert werden, in denen die partiellen Stichprobenfunktionen nicht definiert sind. Anhand von Tabelle 7.1 läßt sich auch dies demonstrieren.

Tabelle 7.1

Zerlegungsbeispiel einer partiellen Stichprobenfunktion aus fünf Rangreihen

Nr.	$\overset{\downarrow}{V}_{12.345}$								
	$\overset{\downarrow}{V}_{12.45}$			$\overset{\downarrow}{V}_{13.45}$			$\overset{\downarrow}{V}_{23.45}$		
	$V_{12.5}$	$V_{14.5}$	$V_{24.5}$	$V_{13.5}$	$V_{14.5}$	$V_{34.5}$	$V_{23.5}$	$V_{24.5}$	$V_{34.5}$
	(a)	(b)	(c)	(d)	(e)	(f)	(g)	(h)	(i)
1	* V_{12}	V_{14}	V_{24}	V_{13}	V_{14}	V_{34}	V_{23}	V_{24}	V_{34}
2	V_{15}	V_{15}	V_{25}	V_{15}	V_{15}	V_{35}	V_{25}	V_{25}	V_{35}
3	V_{25}	V_{45}	V_{45}	V_{35}	V_{45}	V_{45}	V_{35}	V_{45}	V_{45}

Die partiellen Stichprobenfunktionen 1. Ordnung sind dann nicht definiert, wenn die einfachen Koeffizienten der Zeilen 2 und 3 Werte von ± 1 annehmen. Dies geschieht immer dann, wenn die 5. Rangreihe mit jeweils einer der restlichen übereinstimmt oder genau invers verläuft. In der Tabelle 7.1 verbleiben - zunächst - 6 unterschiedliche einfache Stichprobenfunktionen unter den 9 der Zeile 1:

$$(V_{12}, V_{13}, V_{14}, V_{23}, V_{24}, V_{34}) .$$

Die partiellen Stichprobenfunktionen 2. Ordnung sind zusätzlich dann undefiniert, wenn

$$\left.\begin{array}{ll} V_{14.5} & \text{(Spalten b, e)} \\ V_{24.5} & \text{(Spalten c, h)} \\ V_{34.5} & \text{(Spalten f, i)} \end{array}\right\} = \pm 1.$$

Wegen

$$V_{k4.5} = \pm 1, \text{ falls } V_{k4} = \pm 1, \qquad k = 1, 2, 3$$

(vgl. Abschnitt 541, S. 41), dürfen ebenfalls die einfachen Rangkorrelationskoeffizienten der Zellen 1b, 1e, 1c, 1h, 1f und 1i den Wert ± 1 nicht annehmen. Schließlich ist $V_{12.345}$ über die bisherigen Fälle hinaus für

$$\left.\begin{array}{l} V_{13.45} \\ V_{23.45} \end{array}\right\} = \pm 1$$

nicht definiert. Zusätzlich zu berücksichtigen sind demnach alle Rangkonstellationen, für die gilt

$$\left.\begin{array}{ll} V_{13} & \text{(Spalte d)} \\ V_{23} & \text{(Spalte g)} \end{array}\right\} = \pm 1.$$

Dieser Schluß ist zulässig, da auch für die partiellen Rangkorrelationskoeffizienten 2. Ordnung die Beziehung

$$V_{k3.45} = \pm 1, \text{ falls } V_{k3} = \pm 1 \qquad \text{für } k = 1, 2$$

gültig ist. Es verbleibt demnach eine einzige einfache Stichprobenfunktion, nämlich V_{12} in Zelle 1a (in Tabelle 7.1 mit (*) markiert). Wegen

$$V_{12.345} = \pm 1, \text{ falls } V_{12} = \pm 1$$

sind Übereinstimmungen bzw. exakte Gegenläufigkeiten nur in den Rangreihen 1 und 2 zulässig, in allen anderen Fällen ist die Stichprobenfunktion $V_{12.345}$ nicht definiert. Diese an einem Beispiel für fünf Rangreihen demonstrierten Beziehungen lassen sich ohne weiteres verallgemeinern auf m Rangreihen. Man erhält die Beziehung

$$(7.3) \qquad V_{12.3\ldots m} = \begin{cases} \pm 1 & \text{falls } V_{12} = \pm 1 \\ \text{nicht definiert} & \text{falls } V_{ij} = \pm 1 \end{cases}$$

$$\text{für } i < j;\ i = 1, \ldots, m-1,\ j = 2, \ldots, m.$$

Nach der Abgrenzung derjenigen Rangkonstellationen, die zu undefinierten Ausprägungen von $V_{12.3\ldots m}$ führen können, interssiert in einem nächsten Schritt die Anzahl dieser Störfälle in Abhängigkeit von der Zahl m der zu untersuchenden Rangreihen und dem Stichprobenumfang n. Ihre Kenntnis ist unabdingbare Voraussetzung zur Konstruktion der Wahrscheinlichkeitsverteilungen der Stichprobenfunktionen.

Genau hier liegt eines der Hauptprobleme, die eine verallgemeinerte partielle Analyse von m Rangreihen erschweren.

Beim KENDALLschen Maß führen nur übereinstimmende oder völlig invers verlaufende Rangreihen zu

$$t_{ij} = \pm 1 \qquad \text{für } i < j;\ i = 1, \ldots, m-1,\ j = 2, \ldots, m.$$

Die Zahl der (paarweise) maximalen Korrelationen ist damit zwar bestimmbar, Probleme entstehen jedoch bei der simultanen Betrachtung von mehr als zwei Rangreihen sowie bei der Konstruktion einer allgemeinen Formel für die Anzahl der nicht defnierten Fälle für beliebige m und n.

Die SPEARMANschen partiellen Koeffizienten gar können auch bei nicht notwendigerweise übereinstimmenden oder invers verlaufenden Rangreihen maximal (also ± 1) werden (vgl. Tabelle 5.3, S. 47). Dies war bei drei Rangreihen noch unbedenklich, weil keine mehrstufigen Rekursionsformeln zur Ermittlung der Stichprobenfunktion benutzt wurden. Bei der Ermittlung der Verteilungen von partiellen Koeffizienten höherer Ordnung führt dieser Umstand jedoch zu unüberwindlichen Problemen.

Für $m = 4$ Rangreihen und Stichprobenumfängen von $n = 3$ soll die Bestimmung der exakten Stichprobenverteilung am Beispiel des KENDALLschen $T_{12.34}$ eine Vorstellung von den bei der Verallgemeinerung entstehenden Schwierigkeiten vermitteln.

Die partielle KENDALLsche Stichprobenfunktion ergibt sich als Spezialfall von (7.1) durch

$$(7.4) \qquad T^{\dagger}_{12.34} = \frac{T_{12.4} - T_{13.4}\, T_{23.4}}{\sqrt{(1 - T^2_{13.4})\,(1 - T^2_{23.4})}} \,.$$

Unter der Annahme der Unabhängigkeit der Zufallsvariablen $X_1, \ldots, X_4$ ergeben sich $n!^{m-1} = 3!^3 = 216$ gleichwahrscheinliche Permutationen der Rangwerte

$$[(p_{11}, p_{21}, p_{31}, 1), \ldots, (p_{1n}, p_{2n}, p_{3n}, n)] \,.$$

Die Permutationen der drei Rangreihen denke man sich in einem dreidimensionalen Gitter mit je 6 Punkten angeordnet, in dem jede der $n! = 6$ Permutationen der dritten Rangreihe mit jeweils sämtlichen $n!^2 = 36$ Permutationen der ersten und zweiten Rangreihe verknüpft ist.

Da es ohne Schwierigkeiten gelingt, die Permutationsfolgen innerhalb des Gitters symmetrisch anzuordnen, genügt es, statt der $n!^3$

$$\left(\frac{n!}{2}\right)^3 = \frac{1}{8} n!^3 = 27$$

Ausprägungen zu berechnen. Denkt man sich das Gitter - nach Maßgabe der Permutationen der dritten Rangreihe - in sechs Tafeln jeweils aller Permutationen der beiden ersten Rangreihen zerlegt, so reicht es aus, die drei ersten Tafeln je zu einem Viertel auszuwerten, alle anderen Angaben erhält man durch Spiegelung an den Symmetrieachsen.

Die Tabelle 7.2 zeigt eine Zusammenfassung dieser ersten drei Tafeln von partiellen Koeffizienten 1. Ordnung, deren Ermittlung der Bestimmung der partiellen Koeffizienten 2. Ordnung vorgeschaltet ist. Die ersten drei Rangreihen durchlaufen die ersten n!/2 Permutationen, die vierte Rangreihe ist natürlich angeordnet.

Tabelle 7.2

Ausprägungen der Stichprobenfunktionen $T_{ij.4}$ $(i < j = 2, 3)$ für $m = 4$ und $n = 3$

(p_{i1}, p_{i2}, p_{i3})	$t_{ij.4}$		
	(p_{j1}, p_{j2}, p_{j3})		
	(1, 2, 3)	(1, 3, 2)	(2, 1, 3)
(1, 2, 3)	*	*	*
(1, 3, 2)	*	1.0	-.5
(2, 1, 3)	*	-.5	1.0

Gemäß der rekursiven Konstruktionsvorschrift (7.4) erhält man aus den Ausprägungen der drei Tafeln, die in Tabelle 7.2 zusammengefaßt sind, die Ausprägungen der partiellen Stichprobenfunktion $T_{12.34}$ (vgl. Tabellen 7.3 - 7.5).

Tabelle 7.3

Ausprägungen der Stichprobenfunktion $T_{12.34}$ für

$m = 4$, $n = 3$ und ($p_{31} = 1$, $p_{32} = 2$, $p_{33} = 3$)

(p_{11}, p_{12}, p_{13})	$t_{12.34}$		
	(p_{21}, p_{22}, p_{23})		
	(1, 2, 3)	(1, 3, 2)	(2, 1, 3)
(1, 2, 3)	*	*	*
(1, 3, 2)	*	*	*
(2, 1, 3)	*	*	*

Tabelle 7.4

Ausprägungen der Stichprobenfunktion $T_{12.34}$ für

$m = 4$, $n = 3$ und ($p_{31} = 1$, $p_{32} = 3$, $p_{33} = 2$)

(p_{11}, p_{12}, p_{13})	$t_{12.34}$		
	(p_{21}, p_{22}, p_{23})		
	(1, 2, 3)	(1, 3, 2)	(2, 1, 3)
(1, 2, 3)	*	*	*
(1, 3, 2)	*	*	*
(2, 1, 3)	*	*	1.0

Tabelle 7.5

Ausprägungen der Stichprobenfunktion $T_{12.34}$ für

$m=4$, $n=3$ und $(p_{31}=2,\ p_{32}=1,\ p_{33}=3)$

(p_{11}, p_{12}, p_{13})	$t_{12.34}$		
	(p_{21}, p_{22}, p_{23})		
	(1, 2, 3)	(1, 3, 2)	(2, 1, 3)
(1, 2, 3)	*	*	*
(1, 3, 2)	*	1.0	*
(2, 1, 3)	*	*	*

Nach der Zusammenfassung der Tabellen 7.3 - 7.5 erhält man die gesamte Stichprobenverteilung des KENDALLschen $T_{12.34}$ für $n=3$ mühelos unter Ausnutzung der Symmetriebeziehungen. Für den gesamten Stichprobenraum ergeben sich aus Tabelle 7.4 und 7.5 16 definierte Einheiten bei 216 Elementen insgesamt. Von diesen interessierenden 16 Fällen haben je 8 die Ausprägung 1 und -1. Die Wahrscheinlichkeitsfunktion

$$(7.5)\qquad f_{T_{12.34}} = \begin{cases} .5 & \text{falls } t_{12.34} = \pm 1 \\ 0 & \text{sonst} \end{cases}$$

ist bei diesem geringen Stichprobenumfang eine Zweipunktverteilung.

Wichtiger als die Kenntnis dieser Stichprobenverteilung ist der gewonnene Einblick in das Muster der undefinierten Ausprägungen von $T_{12.34}$. Die Verallgemeinerung der Kenntnis über die Anzahl dieser Störfälle ermöglicht eine maschinelle Berechung der exakten Stichprobenverteilungen auch für Stichprobenumfänge von $n > 3$.

Die Tabelle 7.3 zeigt, daß, wenn die dritte Rangreihe natürlich oder invers angeordnet ist, die partielle KENDALLsche Stichprobenfunktion 2. Ordnung in allen Zellen nicht definiert ist. Dies tritt bei allen Zellen auf, die die "Oberfläche" des dreidimensionalen Gitters bilden. Im Beispiel ist dies in

$$6^3 - 4^3 = 152$$

Zuordnungen erfüllt. Allgemein hat ein gleichmäßiges dreidimensionales Gitter mit $n!^3$ Punkten eine Oberfläche von

$$2\left[n!^2 + n!\,(n!-2) + (n!-2)^2\right]$$

Elementen. Zusätzlich ergeben sich auf denjenigen Diagonalen des Gitters undefinierte Ausprägungen, für die die einfachen Koeffizienten

$$t_{13} = t_{23} = \pm 1$$

werden (vgl. Tabelle 7.1). Im Beispiel sind dies 48 zusätzlich zu beachtende Permutationen. Allgemein erhält man

$$2\left[(n!-2)^2 + (n!-2)\,(n!-4)\right]$$

zusätzlich undefinierte Fälle. Im vorgeführten Beispiel für $n = 3$ blieben so von 216 Permutationen lediglich

$$216 - 152 - 48 = 16$$

Ausprägungen $t_{12.34}$ übrig, die einen Beitrag zu $f_{T_{12.34}}$ zu leisten vermochten.

Allgemein erhält man bei $m = 4$ Rangreihen für die exakte Verteilung der KENDALLschen partiellen Stichprobenfunktion

$$\text{(7.6)} \quad n!^3 - 2\left[n!^2 + n!\,(n!-2) + 2\,(n!-2)^2 + (n!-2)\,(n!-4)\right]$$
$$= n!^3 - 2\,(5n!^2 - 16n! + 16)$$

Ausprägungen.

Beim entsprechenden SPEARMANschen partiellen Koeffizienten kann die Formel (7.6) als Obergrenze der Anzahl der definierten Ausprägungen lediglich ein Anhaltspunkt sein. Eine Spezifizierung der Formel scheint wenig erfolgversprechend, da für ein festes m mit verändertem Stichprobenumfang die Anzahl zusätzlich zu (7.6) undefinierter Fälle unregelmäßig variiert.

Da die Formel (7.6) nur für den KENDALLschen partiellen Koeffizienten 2. Ordnung gültig ist, sich eine allgemeine Formel für m Rangreihen wegen der unregelmäßigen Zunahme der undefinierten Ausprägungen zudem schwerlich wird finden lassen, erscheint die Erarbeitung einer allgemeinen induktiven Korrelationsanalyse für m Rangreihen - selbst bei Beschränkung auf die KENDALLsche Stichprobenfunktion - kaum durchführbar.

Anhang

A Approximation von symmetrischen Verteilungen mit speziellen PEARSON-Typen

Gesucht werden anpassungsfähige Dichtefunktionen, die um den Mittelwert Null symmetrisch sind. PEARSON entwickelte 1894 ein System von Wahrscheinlichkeitsdichtefunktionen kontinuierlicher Zufallsvariablen, die Lösungen der Differentialgleichung

$$(A.1) \qquad \frac{df_X(x)}{dx} \cdot \frac{1}{f_X(x)} = - \frac{x + c_o}{c_1 + c_2 x + c_3 x^2}$$

sind. Er sah eine Einteilung in 12 verschiedene Klassen vor - in der Literatur als sogenannte PEARSONsche Verteilungstypen bekannt -, die sich durch die Wahl der Koeffizienten $c_o, \ldots, c_3$ und den Definitionsbereich unterscheiden (vgl. ELDERTON 1953, S.51; MÜLLER 1975, S.185).

Aus diesem System lassen sich unter Berücksichtigung der speziellen Voraussetzungen der vorliegenden Untersuchung drei Typen herleiten, die symmetrisch um den Koordinatenursprung verteilt sind.

A1 Differentialgleichung

Vor der Ermittlung einer symmetrischen Verteilungsschar sind die Koeffizienten $c_o, \ldots, c_3$ zu spezifizieren. Die Differentialgleichung (A.1) läßt sich algebraisch umformen und partiell integrieren. Sie ist dann darstellbar als Gleichungssystem

$$(A.2) \qquad c_o \mu'_r - r c_1 \mu'_{r-1} - (r+1)\, c_2 \mu'_r - (r+2)\, c_3 \mu'_{r+1} = -\mu'_{r+1}.$$

Für r = 0,1,...,s ergeben sich s+1 Gleichungen, die es ermöglichen, s+1 Koeffizienten durch die Anfangsmomente μ'_r auszudrücken.

Für die vorliegende Fragestellung lassen sich an dem Gleichungssystem (A.2) Vereinfachungen vornehmen. Insbesondere gilt

$$E\{X\} = \mu_X = \mu'_1 = 0$$

$$\left.\begin{aligned} \mu'_r &= \mu_r \\ \mu_{2r+1} &= 0 \end{aligned}\right\} \quad \text{für } r \in \mathbb{N} \vee \{0\}$$ [1]

Für die vier Koeffizienten $c_o,\ldots,c_3$ ergibt sich daraus

$$\begin{aligned} c_o \quad & \quad - c_2 \quad & &= 0 \\ - c_1 \quad & & - 3c_3\mu_2 &= -\mu_2 \\ c_o\mu_2 \quad & \quad - 3c_2\mu_2 & &= 0 \\ - 3c_1\mu_2 \quad & & - 5c_3\mu_4 &= -\mu_4 \end{aligned}$$

und aufgelöst nach $c_o,\ldots,c_3$

$$c_o = 0$$

$$c_1 = \frac{2\mu_2\mu_4}{5\mu_4 - 9\mu_2^2} \; .$$

$$c_2 = 0$$

$$c_3 = \frac{\mu_4 - 3\mu_2^2}{5\mu_4 - 9\mu_2^2}$$

Zur weiteren Charakterisierung der Differentialgleichung (A.1) sei der Parameter β_2 herangezogen:

$$\beta_2 = \frac{\mu_4}{\mu_2^2}$$

Er wird als Wölbung bezeichnet und nimmt bei einer Normalverteilung den Wert 3 an. Er kann somit Indikator sein sowohl für den Verlauf einer Funktionskurve als auch für die Abweichung einer Verteilung von der Normalverteilung.

---

1) μ'_r bezeichnet der r-te Anfansmoment, μ_r das r-te zentrale Moment der Zufallsvariablen X.

Die beiden von Null verschiedenen Koeffizienten c_1 und c_3, sowie die Differentialgleichung (A.1) haben in Abhängigkeit von β_2 folgendes Aussehen:

$$(A.3) \qquad c_1 = \frac{2\mu_2 \beta_2}{5\beta_2 - 9}$$

$$(A.4) \qquad c_3 = \frac{\beta_2 - 3}{5\beta_2 - 9}$$

$$(A.5) \qquad \frac{df_X(x)}{dx} \cdot \frac{1}{f_X(x)} = - \frac{x}{c_1 + c_3 x^2}$$

$$= - \frac{(5\beta_2 - 9) \cdot x}{2\mu_2\beta_2 + (\beta_2 - 3) \cdot x^2}$$

Ausgehend von der Differentialgleichung (A.5) ergeben sich, je nachdem, ob β_2 gleich, kleiner oder größer 3 ist, drei Klassen symmetrischer Verteilungen, die Bestandteil des PEARSONschen Systems sind.

A2 Symmetrische Verteilungsschar

1. Fall: $\beta_2 = 3$

Die Differentialgleichung (A.5) wird zu

$$(A.6) \qquad \frac{d\ell n \; f_X(x)}{dx} = \frac{x}{\mu_2}$$

Integration von (A.6) führt zu

$$\ell n f_X(x) = c - \frac{x^2}{2\mu_2} \quad ,$$

wobei C der Integrationskonstanten und μ_2 der Varianz σ^2 entspricht.

Spezifiziert man die Konstante C derart, daß

$$\int_{-\infty}^{\infty} f_X(x)\, dx = 1,$$

so ergibt sich mit

$$\text{(A.7)} \qquad f_X(x) = \frac{1}{\sigma\sqrt{2\pi}}\, e^{-\frac{x^2}{2\sigma^2}} \qquad \text{für } -\infty<x<\infty, \quad \sigma<0$$

die Dichtefunktion der Normalverteilung mit Erwartungswert Null und Varianz σ^2, kurz: N $(0,\sigma^2)$.

2. Fall: $\beta_2 < 3$

Als günstig erweist sich für den Nenner von (A.5) nun die Produktdarstellung. Die gesamte Differentialgleichung läßt sich nun schreiben

$$\text{(A.8)} \qquad \frac{d\ln f_X(x)}{dx} = \frac{x}{|d|\ (\xi^2 - x^2)}$$

mit den reellen Nullstellen

$$\text{(A.9)} \qquad \xi_{1,2} = \pm \left[\frac{2\mu_2\ \beta_2}{3 - \beta_2} \right]^{-\frac{1}{2}} .$$

Eine Integration von (A.8) ergibt

$$\ln f_X(x) = \frac{1}{2\ |d|} \{ \ln (\xi^2 - x^2) \} + C.$$

Nach Auflösung der Integrationskonstante ergibt sich als Resultat eine Dichtefunktion entsprechend des II. PEARSONschen Typs, wobei B(•,•) die Betafunktion bezeichnet:

$$\text{(A.10)} \qquad f_X(x) = \begin{cases} \dfrac{\left(\dfrac{2\mu_2\ \beta_2}{3-\beta_2} - x^2\right)^{\frac{5\beta_2 - 9}{6 - 2\beta_2}}}{\left(\dfrac{2\mu_2\ \beta_2}{3-\beta_2}\right)^{\frac{5\beta_2 - 9}{6 - 2\beta_2} + \frac{1}{2}} B\left(\frac{1}{2}\ ;\ \dfrac{5\beta_2 - 9}{6 - 2\beta_2} + 1 \right)} & \text{für } -\xi \le x \le \xi \\ 0 & \text{sonst} \end{cases}$$

3. Fall: $\beta_2 > 3$

Ähnlich, wie bei der Normalverteilung verhält es sich auch hier: die Nennergleichung von (A.5) hat mit

$$b + dx^2 = 0$$

keine reellen Nullstellen. Zu integrieren ist demnach die Differentialgleichung

$$\text{(A.11)} \qquad \frac{d\ell n\, f_X(x)}{dx} = - \frac{x}{b + dx^2} \,.$$

Man erhält

$$\ell n\, f_X(x) = c - \frac{1}{2d} \{\, \ell n \mid b + dx^2 \mid \}.$$

Nach Normierung durch die Integrationskonstante C ergibt sich schließlich die Dichtefunktion nach PEARSON Typ VII:

$$\text{(A.12)} \qquad f_X(x) = \frac{\left[1 + \left(\frac{\beta_2 - 3}{2\mu_2\, \beta_2}\right) \cdot x^2\right]^{\frac{5\beta_2 - 9}{6 - 2\beta_2}}}{\left(\frac{2\mu_2\, \beta_2}{\beta_2 - 3}\right)^{-.5} B\left(\frac{5\beta_2 - 9}{2\beta_2 - 6} - \frac{1}{2} \,;\, \frac{1}{2}\right)}$$

für $-\infty < x < \infty$

Tabelle B1[1)]

Obere kritische Werte der SPEARMANschen Stichprobenfunktion $V_n^{(1)} = R^*_{12.3}$

n	Signifikanzniveau α				
	.005	.01	.025	.05	.1
4	-	-	-	-	.9800
5	-	-	.9437	.9102	.8040
6	.9643	.9443	.8826	.8126	.6892
7	.9324	.8930	.8163	.7300	.6054
8	.8896	.8435	.7595	.6705	.5489
9	.8485	.7983	.7108	.6220	.5047
10	.8131	.7600	.6700	.5820	.4687
11	.7781	.7250	.6370	.5516	.4430
12	.7453	.6916	.6038	.5205	.4161
13	.7198	.6660	.5794	.4980	.3971
14	.6938	.6404	.5554	.4763	.3787
15	.6684	.6160	.5333	.4566	.3627
16	.6499	.5978	.5161	.4410	.3496
17	.6299	.5791	.4994	.4265	.3379
18	.6137	.5631	.4845	.4131	.3267
19	.5957	.5459	.4691	.3995	.3156
20	.5835	.5398	.4575	.3888	.3066
21	.5686	.5199	.4454	.3785	.2984
22	.5555	.5077	.4345	.3689	.2907
23	.5432	.4957	.4235	.3592	.2826
24	.5302	.4842	.4140	.3513	.2766
25	.5213	.4755	.4059	.3440	.2706
26	.5104	.4652	.3967	.3360	.2640
27	.5016	.4571	.3900	.3303	.2596
28	.4927	.4484	.3819	.3231	.2537
29	.4823	.4395	.3749	.3177	.2496
30	.4735	.4312	.3673	.3108	.2441

1) Ab n = 8 entstammen die kritischen Werte approximativen Stichprobenverteilungen.

Tabelle B2[1)]

Obere kritische Werte der KENDALLschen Stichprobenfunktion $V_n^{(2)} = T_{12.3}$

n	Signifikanzniveau α				
	.005	.01	.025	.05	.1
4	-	-	-	1.0000	1.0000
5	-	1.0000	.8165	.7638	.5833
6	.8729	.7845	.6814	.6071	.4804
7	.7670	.7156	.6154	.5330	.4282
8	.7101	.6471	.5625	.4857	.3859
9	.6625	.6025	.5184	.4432	.3508
10	.6143	.5641	.4811	.4156	.3280
11	.5830	.5335	.4575	.3891	.3069
12	.5530	.5046	.4310	.3654	.2875
13	.5264	.4799	.4094	.3468	.2727
14	.5067	.4612	.3929	.3324	.2610
15	.4842	.4407	.3753	.3175	.2493
16	.4679	.4258	.3626	.3067	.2408
17	.4498	.4092	.3483	.2946	.2312
18	.4367	.3969	.3374	.2850	.2235
19	.4213	.3829	.3255	.2750	.2156
20	.4126	.3742	.3172	.2674	.2093
21	.4012	.3638	.3081	.2596	.2031
22	.3890	.3532	.2997	.2529	.1981
23	.3814	.3458	.2929	.2468	.1931
24	.3712	.3367	.2855	.2407	.1884
25	.3630	.3291	.2789	.2350	.1839
26	.3564	.3229	.2733	.2302	.1800
27	.3488	.3159	.2674	.2252	.1761
28	.3430	.3104	.2625	.2209	.1725
29	.3357	.3041	.2575	.2169	.1696
30	.3287	.2979	.2523	.2126	.1662

1) Ab n = 8 entstammen die kritischen Werte approximativen Stichprobenverteilungen.

C1. Listung des Programms PARANK

```
      PROGRAM PARANK(TAPE1,TAPE2,INPUT,OUTPUT,
     1               TAPE5=INPUT,TAPE6=OUTPUT)
C
C     FORTRAN IV-HAUPTPROGRAMM -- STAND: FEBRUAR 1979
C
C     ZWECK: DESKRIPTIVE UND INDUKTIVE PARTIELLE RANG-
C            KORRELATIONSANALYSE FUER DREIDIMENSIONALE
C            ZUFALLSVARIABLEN MIT STETIGER WAHRSCHEIN-
C            LICHKEITSVERTEILUNGSFUNKTION
C
C     AUTOR: K. STICKER, KOELN
C
C     DIE BEOBACHTUNGSWERTE DER DREIDIMENSIONALEN ZUFALLS-
C     STICHPROBE KOENNEN WAHLWEISE DIREKT ODER ALS RANG-
C     GROESSEN VERSCHLUESSELT EINGELESEN WERDEN. DAS EIN-
C     GABEFORMAT IST VARIABEL, DIE BEOBACHTUNGSWERTE MUES-
C     SEN JEDOCH VOM TYP REAL, DIE RANGNUMMERN VOM TYP IN-
C     TEGER SEIN. IN EINER RANGREIHE DUERFEN KEINE IDENTI-
C     SCHEN RANGNUMMERN ENTHALTEN SEIN.
C
C     DIE TESTS AUF PARTIELLE UNKORRELIERTHEIT VON DREI RANG-
C     REIHEN KOENNEN AUCH AUS MEHR ALS DREIDIMENSIONALEN ZU-
C     FALLSSTICHPROBEN DURCHGEFUEHRT WERDEN. WAHLWEISE KOEN-
C     NEN NACH KENDALL ODER NACH SPEARMAN EXAKTE UEBER(UNTER)-
C     SCHREITUNGSWAHRSCHEINLICHKEITEN BESTIMMT WERDEN ODER BEI
C     ZUTREFFENDER NULLHYPOTHESE DIE BERECHNUNGSPROZEDUR ABGE-
C     BROCHEN WERDEN.
C     FUER GROESSERE STICHPROBENUMFAENGE WIRD ANHAND VON
C     APPROXIMATIVEN STICHPROBENVERTEILUNGEN GETESTET.
C
      DIMENSION NFAK(13),TEXT(8),FMT(8),TXT(8)
      DIMENSION RANKA(30),RANKB(30),RANKC(30),ARBA(30)
     1         ,ARBB(30),EINSA(435),EINSB(435),EINSC(435)
      DIMENSION IZ(435,3),ITEST(6),VAR(30,30),TRANK(3)
C
      INTEGER X(30,30),HYPO(3),SCORE
      INTEGER RANKA,RANKB,RANKC,ARBA,ARBB,EINSA,EINSB,EINSC
      DOUBLE PRECISION DUEB,DALPHA,DHILF,DPROB
      LOGICAL ZWEISTG
C
      COMMON /A/ DUEB,DPROB,DALPHA,PRUEF,ABSPRF
      COMMON /B/ N,N1,NUEB2,NUEB2Q,NFAK
C
      DATA NFAK /1,2,6,24,120,720,5040,40320,362880,3628800,
     1          39916800,479001600,6227020800/
      DATA TXT  /10HEINSEITIG ,10HZWEISEITIG,10HKOEFF. NAC,
     1          10HH KENDALL ,10HH SPEARMAN,10HEXAKTES VE,
     2          10HAPPROX. VE,10HRFAHREN   /
C
C     EINGABETEIL
C
      READ(5,5000) TEXT
      READ(5,5010) M,N,KENN,ZWEISTG,IAPROX,IVAR
C
      IF(N.GT.30) CALL FAULT(2,4,1)
      IF(KENN.EQ.0) CALL FAULT(2,5,2)
      IF(ZWEISTG.OR..NOT.ZWEISTG) GOTO 1
```

```
      CALL FAULT(2,8,5)
    1 CONTINUE
C
      IF(IAPROX.EQ.0.OR.IAPROX.EQ.1.OR.IAPROX.EQ.3) GOTO 11
      CALL FAULT(2,7,4)
   11 CONTINUE
C
      IF(IVAR.EQ.0.OR.IVAR.EQ.1) GOTO 12
      CALL FAULT(2,8,5)
   12 CONTINUE
C
      IF(M.LT.3) GOTO 500
      IF(M.GT.30) CALL FAULT(2,2,1)
      IF(IAPROX.NE.3) GOTO 2
      IAPROX=0
      IF(N.GT.7.AND.KENN.LT.0.OR.N.GT.6.AND.
     1   KENN.GT.0) IAPROX=1
    2 CONTINUE
C
      IF(IAPROX.EQ.0.AND.N.GT.7) GOTO 99
      GOTO 29
   99 CONTINUE
      CALL FAULT(2,10,7)
      IAPROX=1
   29 CONTINUE
C
      READ(5,5000) FMT
      WRITE(6,6000)
      WRITE(6,6010) TEXT
      IF(IVAR.EQ.0) GOTO 9
      READ(5,FMT) ((VAR(K,I),K=1,N),I=1,M)
      WRITE(6,6100)
C
      DO 13 I=1,M
   13 WRITE(6,6110) (VAR(K,I),K=1,N)
C
C     RANGZUWEISUNG
C
      K=0
   14 K=K+1
      J=0
   15 I=0
      VMIN=1.E99
   16 I=I+1
      IF(I-1.EQ.N) GOTO 17
      IF(VAR(I,K).GE.VMIN) GOTO 16
      VMIN=VAR(I,K)
      IMIN=I
      GOTO 16
   17 J=J+1
      X(IMIN,K)=J
      VAR(IMIN,K)=1.E99
C
      DO 18 L=1,N
   18 IF(VAR(L,K).LT.1.E99) GOTO 15
      IF(K.NE.M) GOTO 14
      GOTO 19
```

```
C
    9 CONTINUE
      DO 10 I=1,M
   10 READ(5,FMT) (X(K,I),K=1,N)
   19 READ(5,5020) DALPHA
      ALP=DALPHA
      IF(ZWEISTG) 40,50
   40 DALPHA=DALPHA/2.D0
      WRITE(6,6080) TXT(2)
      GOTO 55
   50 WRITE(6,6080) TXT(1)
   55 CONTINUE
      IF(IAPROX) 3,4
    3 WRITE(6,6010) TXT(7),TXT(8)
      GOTO 5
    4 WRITE(6,6010) TXT(6),TXT(8)
    5 CONTINUE
      IF(KENN) 6,8,7
    6 WRITE(6,6010) TXT(3),TXT(4)
      GOTO 8
    7 WRITE(6,6010) TXT(3),TXT(5)
    8 CONTINUE
      READ(5,5010) (HYPO(I),I=1,3)
C
   45 CONTINUE
      WRITE(6,6040) (HYPO(I),I=1,3)
C
      DO 20 I=1,3
   20 WRITE(6,6050) (X(K,HYPO(I)),K=1,N)
      IF(IAPROX.NE.0) GOTO 70
C
   60 DHILF=NFAK(N)-2
      DUEB=1.D0/DHILF
      DPROB=4.D0/DHILF/DHILF
C
   70 CONTINUE
      NUEB2=N*(N-1)/2
      FNUEB2=NUEB2
      NUEB2Q=NUEB2*NUEB2
      N1=N-1
      NSP=N*N*N-N
      FNSP=NSP
C
C     ERMITTLUNG DER TESTGROESSE(N)
C
      IF(KENN) 100,200,161
  200 CALL FAULT(1,5,2)
  100 DO 140 I=1,3
  140 CALL ZAEHL(X(1,HYPO(I)),IZ(1,I),N,N1,NUEB2)
C
      L=2
      MX=0
C
      DO 150 I=1,2
      IM=I+1
C
      DO 150 K=IM,3
```

```
      MX=MX+1
  150 ITEST(MX)=SCORE(IZ(1,I),IZ(1,K),NUEB2)
C
      DO 155 I=2,3
      IF(IABS(ITEST(I)).EQ.NUEB2) GOTO 510
  155 CONTINUE
C
      PRUEF=PAT(ITEST(1),ITEST(2),ITEST(3))
      GOTO 165
C
  161 CONTINUE
      L=1
      PR12=RHO(FNSP,N,X(1,HYPO(1)),X(1,HYPO(2)))
      PR13=RHO(FNSP,N,X(1,HYPO(1)),X(1,HYPO(3)))
      PR23=RHO(FNSP,N,X(1,HYPO(2)),X(1,HYPO(3)))
      DELTA=1.E-05
      IF(ABS(ABS(PR13)-1.).LE.DELTA.OR.ABS(ABS(PR23)-1.)
     1       .LE.DELTA) GOTO 510
C
      PROBAQ=PR13*PR13
      PROBBQ=PR23*PR23
      PROBAB=PR13*PR23
C
      PRUEF=(PR12-PROBAB)/SQRT((1.-PROBAQ)*(1.-PROBBQ))
C
  165 ABSPRF=ABS(PRUEF)-1.E-08
C
      WRITE(6,6120)
      IF(KENN) 170,200,176
  170 WRITE(6,6130) HYPO(1),HYPO(2),HYPO(1),HYPO(3),HYPO(2)
     1              ,HYPO(3)
      DO 172 I=1,3
      TRANK(I)=ITEST(I)
      TRANK(I)=TRANK(I)/FNUEB2
  172 CONTINUE
      WRITE(6,6140) (TRANK(I),I=1,3)
      GOTO 179
  176 WRITE(6,6150) HYPO(1),HYPO(2),HYPO(1),HYPO(3),HYPO(2)
     1              ,HYPO(3)
      WRITE(6,6140) PR12,PR13,PR23
  179 CONTINUE
      WRITE(6,6060) (HYPO(I),I=1,3)
C
      IF(IAPROX.NE.0) GOTO 530
      IF(KENN) 180,200,185
C
  180 CALL KENDALL(RANKA,RANKB,RANKC,ARBA,ARBB,EINSA,EINSB
     1              ,EINSC,N,NUEB2)
      GOTO 190
C
  185 CALL SPEARM(RANKA,RANKB,RANKC,ARBA,ARBB,FNSP,N)
  190 CONTINUE
C
      CALL AUSG(IAPROX,ZWEISTG)
      READ(5,5010) (HYPO(I),I=1,3)
C
      IF(EOF(5)) 195,45
```

```
C
  195 CONTINUE
      WRITE(6,6030)
      STOP
C
  500 CALL FAULT(2,1,1)
  510 CALL FAULT(3,3,1)
C
  530 CALL PEARSON(L,N)
      CALL AUSG(IAPROX,ZWEISTG)
      READ(5,5010) (HYPO(I),I=1,3)
C
      IF(EOF(5)) 540,45
C
  540 CONTINUE
      WRITE(6,6030)
      STOP
C
 5000 FORMAT(8A10)
 5010 FORMAT(3I2,1X,L1,10I2)
 5020 FORMAT(6D10.5)
 6000 FORMAT(1H1)
 6010 FORMAT(1H0,8A10)
 6030 FORMAT(10H0TEST-ENDE)
 6040 FORMAT(23H0UNTERSUCHTE RANGREIHEN,4H :   , 3I4,/)
 6050 FORMAT(30I4/)
 6060 FORMAT(10H0HYPOTHESE,/4X,2I2,1H.,I2/)
 6080 FORMAT(6H0TEST   ,A10)
 6100 FORMAT(17H0STICHPROBENWERTE,/)
 6110 FORMAT(2(15F9.3/))
 6120 FORMAT(27H0EINFACHE RANGKORRELATIONEN)
 6130 FORMAT(1H0,3(6X,2HT ,2I1))
 6140 FORMAT(1H0,3F10.5/)
 6150 FORMAT(1H0,3(6X,2HR ,2I1))
      END
```

```
      SUBROUTINE KENDALL(IR1,IR2,IR3,IWORK1,IWORK2,I1,I2
     1                   ,I3,NA,NU2)
C
C     EXAKTE UEBERSCHREITUNGSWAHRSCHEINLICHKEITEN
C     FUER KENDALLS PARTIELLES T 12.3
C
      DIMENSION IR1(NA),IR2(NA),IR3(NA),NFK(13),IWORK1(NA)
     1         ,IWORK2(NA),I1(NU2),I2(NU2),I3(NU2)
C
      DOUBLE PRECISION DUEB,DALPHA,DPROB
      INTEGER SCORE
      LOGICAL FIRST,FL,FLG
C
      COMMON /A/ DUEB,DPROB,DALPHA,PF,PFA
      COMMON /B/ N ,N1,NUB,NUBQ,NFK
C
      FIRST=.TRUE.
      J=1
C
      DO 10 I=1,N
   10 IR1(I)=IR3(I)=I-1
      CALL PERM(IR1,IWORK1,FIRST,FL,NA)
      CALL ZAEHL(IR3,I3,N,N1,NUB)
      NOB=NFK(N)/2
C
      DO 100 K=3,NOB
      CALL PERM(IR1,IWORK1,FIRST,FL,NA)
      CALL ZAEHL(IR1,I1,N,N1,NUB)
      IS13=SCORE(I1,I3,NUB)
      FIRST=.TRUE.
C
      DO 20 II=1,N
   20 IR2(II)=II-1
C
      DO 90 IK=1,J
      CALL PERM(IR2,IWORK2,FIRST,FLG,NA)
      CALL ZAEHL(IR2,I2,N,N1,NUB)
      IS12=SCORE(I1,I2,NUB)
      IS23=SCORE(I2,I3,NUB)
      PT=PAT(IS12,IS13,IS23)
      PART=ABS(PT)
C
      IF(PFA-PART) 30,30,90
   30 DUEB=DUEB+DPROB
      IF(DUEB-DALPHA) 90,90,40
   40 RETURN
   90 CONTINUE
      J=J+1
  100 CONTINUE
      RETURN
      END
```

```
      SUBROUTINE SPEARM(IR1,IR2,IR3,IWK1,IWK2,F,NA)
C
      DIMENSION IR1(NA),IR2(NA),IR3(NA),NFK(13),IWK1(NA)
     1          ,IWK2(NA)
C
C     EXAKTE UEBERSCHREITUNGSWAHRSCHEINLICHKEITEN
C     FUER SPEARMANS PARTIELLES R 12.3
C
      DOUBLE PRECISION DUB,DALP,DPR
      LOGICAL FST,FL,FLG
C
      COMMON /A/ DUB,DPR,DALP,PF,PFA
     1       /B/ N,N1,NUB,NUBQ,NFK
C
      FST=.T.
      J=1
C
      DO 10 I=1,N
   10 IR1(I)=IR3(I)=I-1
      CALL PERM(IR1,IWK1,FST,FL,NA)
   20 CONTINUE
      NX=NFK(N)/2
C
      DO 200 K=3,NX
      CALL PERM(IR1,IWK1,FST,FL,NA)
      T13=RHO(F,N,IR1,IR3)
      FST=.T.
C
      DO 30 I=1,N
   30 IR2(I)=I-1
C
      DO 100 I=1,J
      CALL PERM(IR2,IWK2,FST,FLG,NA)
      T23=RHO(F,N,IR2,IR3)
      T12=RHO(F,N,IR1,IR2)
      PT=(T12-T13*T23)/SQRT((1.-T13*T13)*(1.-T23*T23))
      PART=ABS(PT)
C
      IF(PFA-PART) 40,40,100
   40 DUB=DUB+DPR
      IF(DUB-DALP) 100,100,50
   50 RETURN
  100 CONTINUE
      J=J+1
  200 CONTINUE
      RETURN
      END
```

```
      SUBROUTINE PERM(X,Q,FIRST,FLAG,N)
C
C     UMGEKEHRT LEXIKOGRAPHISCHE PERMUTATIONEN
C     (NACH ORD-SMITH, CACM 323)
C
      DIMENSION Q(N),X(N)
C
      INTEGER Q,X,T
      LOGICAL FIRST,FLAG
C
      IF (FIRST) 10,20
   10 FIRST=.FALSE.
      FLAG=.TRUE.
C
      DO 15 M=3,N
   15 Q(M)=1
   20 IF (FLAG) 25,30
   25 FLAG=.FALSE.
      T=X(1)
      X(1)=X(2)
      X(2)=T
      RETURN
   30 FLAG=.TRUE.
C
      DO 50 K=3,N
      IF (Q(K).NE.K) GOTO 35
      Q(K)=1
   50 CONTINUE
C
      FIRST=.TRUE.
      K=N
      GOTO 40
   35 M=Q(K)
      T=X(M)
      X(M)=X(K)
      X(K)=T
      Q(K)=M+1
      K=K-1
   40 M=1
C
   45 T=X(M)
      X(M)=X(K)
      X(K)=T
      M=M+1
      K=K-1
      IF (M.LT.K) GOTO 45
      RETURN
      END
```

```
      SUBROUTINE ZAEHL(X,COUNT,N,N1,NUB2)
C
C     AUSZAEHLEN DER RAENGE FUER KENDALLS T
C
      DIMENSION X(N),COUNT(NUB2)
C
      INTEGER X,COUNT
C
      IS=1
      DO 100 K=1,N1
      IKK=K+1
      DO 100 I=IKK,N
      IF (X(K)-X(I)) 10,100,20
   10 COUNT(IS)=1
      IS=IS+1
      GOTO 100
   20 COUNT(IS)=-1
      IS=IS+1
  100 CONTINUE
      RETURN
      END



      SUBROUTINE FAULT(NOUT,NDIAG,NDIAG2)
C
C     PROGRAMMIERTE FEHLERMELDUNGEN
C
      DIMENSION OUT(4),DIAG(10),DIAG2(8)
      DOUBLE PRECISION DIAG2
C
      DATA OUT/10HFEHLER IN ,10HEINGABE ! ,
     1         10HPRUEFKTION,10H          /
C
      DATA DIAG/10HM < 3 !   ,10HM ZU GROSS,
     1          10HFKT.UNDEF.,10HN ZU GROSS,
     2          10HKENN MUSS ,10HZWEISTG IS,
     3          10HIAPROX DAR,10HIVAR DARF ,
     4          10HALPHA MUSS,10HEXAKTER TE/
C
      DATA DIAG2/20H                    ,
     1           20HENTW.< ODER > 0 SEIN,
     2           20HT NICHT TYP LOGICAL ,
     3           20HF NUR 0,1 OD. 3 SEIN,
     4           20HNUR 0 OD.UNGL.0 SEIN,
     5           20H SEIN! 0< ALPHA <= 1,
     6           20HST AUS ZEITGRUENDEN ,
     7           20HNICHT EMPFEHLENSWERT/
C
      WRITE(6,6000) OUT(1),OUT(NOUT)
      WRITE(6,6000) DIAG(NDIAG),DIAG2(NDIAG2)
      IF(NDIAG.EQ.10) GOTO 10
      STOP 7777
   10 WRITE(6,6010) DIAG2(8)
      RETURN
 6010 FORMAT(1H+,T32,2A10)
 6000 FORMAT(1H0,6A10)
      END
```

```
      FUNCTION RHO(F,N,X,Y)
C
C     EINFACHES RHO
C
      INTEGER X(N),Y(N)
C
      SUM=0.
      DO 1 I=1,N
      K=X(I)-Y(I)
      K=K*K
    1 SUM=SUM+K
      S6=6.*SUM
      QUOT=S6/F
      RHO=1.-QUOT
      RETURN
      END
```

```
      INTEGER FUNCTION SCORE(I,J,N)
C
C     EINFACHE KENDALL-SCORES
C
      DIMENSION I(N),J(N)
C
      ISUM=0
      DO 10 II=1,N
   10 ISUM=ISUM+I(II)*J(II)
      SCORE=ISUM
      RETURN
      END
```

```
      REAL FUNCTION PAT(IS3,IS4,IS5)
C
C     PARTIELLES TAU
C
      COMMON /B/ M,L,N,NQ
C
      FNQ=NQ
      S3=N*IS3
      S4=IS4
      S5=IS5
      S9=IS4*IS5
      Z1=FNQ-S4*S4
      Z2=FNQ-S5*S5
      FN=S3-S9
      PAT=FN/SQRT(Z1*Z2)
      RETURN
      END
```

```
      DOUBLE PRECISION FUNCTION LGAM(DX)
C
C     LOGARITHMIERTE GAMMAFUNKTION
C     (NACH PIKE/HILL, CACM 291)
C
      DOUBLE PRECISION DX,DXA,DF,DZ
C
      DXA=DX
      IF(DXA.GE.7.D0) GOTO 2
      DF=1.D0
      DZ=DXA-1.D0
    1 DZ=DZ+1.D0
      DXA=DZ
      DF=DF*DZ
      IF(DZ.LE.7.D0) GOTO 1
      DXA=DXA+1.D0
      DF=-DLOG(DF)
      GOTO 3
    2 DF=0.D0
    3 DZ=1.D0/(DXA*DXA)
      LGAM  =DF+(DXA-.5D0)*DLOG(DXA)-DXA+
     1.918938533204673D0+(((-.000595238095238D0*
     2DZ+.000793650793651D0)*DZ-.002777777777777778
     3D0)*DZ+.083333333333333D0)/DXA
      RETURN
      END
```

```
      DOUBLE PRECISION FUNCTION TYPE2(DX)
C
C     PEARSON TYP II
C
      DOUBLE PRECISION DX,DAM,DAQ,DYN,DYZ
C
      COMMON /T2/ DAM,DAQ,DYN
C
      IF(DAQ-DX*DX.LE.1.D-04) GOTO 1
      DYZ=DAM*DLOG(DAQ-DX*DX)
      IF(DYZ-DYN.LT.-2.D02) GOTO 1
      TYPE2=DEXP(DYZ-DYN)
      RETURN
C
    1 TYPE2=0.D0
      RETURN
      END
```

```
      SUBROUTINE PEARSON(L,N)
C
C     STEUERROUTINE FUER PEARSON-TYP II
C
      DIMENSION VM2(2,30),VM4(2,30)
C
      DOUBLE PRECISION LGAM,LNSQPI,DAM,DAQ,DYN,DB2
     1                 ,DPRF,DFUNKT,DALP,DUEB,DUMMY
C
      COMMON /A/ DUEB,DUMMY,DALP,PF,ABSPF
      COMMON /T2/ DAM,DAQ,DYN
C
      DATA LNSQPI /.5723649429777D0/
C
      DATA (VM2(1,I),I=1,30)/3*0.,
     1     .50179386,.33423110,.25039301,.19921776,
     2     .16653707,.14265912,.12458175,.11183034,
     3     .09951368,.09108921,.08327869,.07656618,
     4     .07142913,.06680587,.06268315,.05865024,
     5     .05555265,.05265238,.05002844,.04743217,
     6     .04538409,.04353635,.04152319,.04013613,
     7     .03842516,.03710872,.03555697/
C
      DATA (VM4(1,I),I=1,30)/3*0.,
     1     .37840923,.20295896,.12733301,.08667762,
     2     .06362798,.04847717,.03824453,.03124773,
     3     .02530997,.02151345,.01821066,.01550981,
     4     .01364952,.01198639,.01065525,.00938453,
     5     .00851785,.00766145,.00694691,.0062924 ,
     6     .00573927,.00531949,.00486239,.004544  ,
     7     .00418951,.00389201,.00358201/
C
      DATA (VM2(2,I),I=1,30)/3*0.,
     1     .28290634,.17986141,.13177729,.10379208,
     2     .08508102,.07226896,.06245603,.05562691,
     3     .04911871,.04424945,.0406525 ,.0371039 ,
     4     .03461034,.03193177,.02991718,.02784634,
     5     .02635176,.02484026,.02356584,.02245355,
     6     .02134621,.02035296,.01952863,.01869472,
     7     .01798748,.01733868,.01665175/
C
      DATA (VM4(2,I),I=1,30)/3*0.,
     1     .1575846 ,.07375995,.04276776,.02773591,
     2     .01906701,.01404101,.01073898,.00851672,
     3     .00675454,.00551097,.00468911,.00390801,
     4     .00340422,.00290146,.00256301,.00222503,
     5     .00201526,.00179623,.00161001,.00147901,
     6     .00134004,.00122002,.00112202,.00102999,
     7     .00096001,.00089003,.00082997/
C
      DPRF=DBLE(PF)
      DB2=DBLE(VM4(L,N)/VM2(L,N)/VM2(L,N))
      DAM=(5.D0*DB2-9.D0)/(6.D0-2.D0*DB2)
      DAQ=2.D0*DBLE(VM4(L,N)/VM2(L,N))/(3.D0-DB2)
      DYN=(DAM+.5D0)*DLOG(DAQ)+LNSQPI+LGAM(DAM+1.D0)-LGAM
     1    (DAM+1.5D0)
C
```

```
CALL INTGRAL(-DSQRT(DAQ),DPRF,DFUNKT)
DUEB=1.D0-DFUNKT
IF(PF.LT.0.) DUEB=DFUNKT
RETURN
END
```

```
      SUBROUTINE INTGRAL(UDEF,DEF,FDEF)
C
C     NUMERISCHES INTEGRAL NACH ROMBERG
C
      DOUBLE PRECISION PDEL,DEF,CONST1,CONST2,UDEF,DIF,P
     1                 ,T,W(50,50),PP,RZ,PPP,SY,TT,S,SU,FDEF
     2                 ,DZ,RNN,TYPE2
C
      PDEL=1.D-05
      CONST1=1.0D0
      CONST2=2.0D0
      DIF=DEF-UDEF
      I=1
C
      J=1
      W(I,J)=(TYPE2(UDEF)+TYPE2(DEF))/CONST2
      P=W(I,J)*DIF
      I=I+1
      T=(UDEF+DEF)/CONST2
      II=I-1
      W(I,J)=(W(II,J)+TYPE2(T))/CONST2
    5 IS=I-1
C
      DO 10 K=1,IS
      J=K+1
      DZ=4.0**K
      RZ=DZ-CONST1
      W(I,J)=(DZ*W(I,K)-W(IS,K))/RZ
   10 CONTINUE
C
      PP=W(I,J)*DIF-P
      PPP=DABS(PP)
      IF(PPP-PDEL) 40,40,20
   20 P=W(I,J)*DIF
      I=I+1
      II=I-1
      J=1
      IN=2**II
      SY=0.
C
      DO 30 K=1,IN,2
      RK=K
      RIN=IN
      TT=RK/RIN
      T=UDEF+(DEF-UDEF)*TT
      S=TYPE2(T)
      SY=SY+S
   30 CONTINUE
C
      RNN=CONST2**(I-2)
      SU=SY/RNN
      W(I,J)=(W(II,J)+SU)/CONST2
      GOTO 5
C
   40 FDEF=W(I,J)*DIF
      RETURN
      END
```

```
      SUBROUTINE AUSG(IAPROX,ZWEISTG)
C
C     AUSGABE DER TESTERGEBNISSE
C
      DOUBLE PRECISION DUB,DPR,DALP
      DOUBLE PRECISION OUT(6)
      DIMENSION ERG(6)
      LOGICAL ZWEISTG
      COMMON /A/ DUB,DPR,DALP,PRF,APRF
C
      DATA OUT /20HTEST-ABBRUCH        ,
     1          20HUEBERSCHR-WAHRSCHKT ,
     2          20H > ALPHA            ,
     3          20HUNTERSCHR-WAHRSCHKT ,
     4          20H < ALPHA/2          ,
     5          20HTESTGROESSE         /
C
      DATA ERG /10HABWEICHUNG,10HNICHT   SI,
     1          10HSCHWACH SI,10HSTARK   SI,
     3          10HSGNIFIKANT,10HGNIFIKANT /
C
      IF(ZWEISTG) GOTO 5
      UB1=.1
      UB2=.05
      UB3=.01
      GOTO 8
    5 UB1=.05
      UB2=.025
      UB3=.005
    8 CONTINUE
C
      IF(IAPROX.NE.0) GOTO 20
   10 IF(DALP.EQ.1.D0.OR.DALP.GE.DUB) GOTO 20
C
      WRITE(6,6050) OUT(1)
      WRITE(6,6000) OUT(6)
      WRITE(6,6010) PRF
      ALP=SNGL(DALP)
      WRITE(6,6020) ALP
C
      IF(ZWEISTG) WRITE(6,6000) OUT(2),OUT(5)
      IF(PRF.GE.0.) WRITE(6,6000) (OUT(I),I=2,3)
      IF(PRF.LT.0.) WRITE(6,6000) OUT(4),OUT(3)
      WRITE(6,6030)
      RETURN
C
   20 CONTINUE
      UB=SNGL(DUB)
      WRITE(6,6000) OUT(6)
      WRITE(6,6010) PRF
      IF(PRF.GE.0.) GOTO 15
      WRITE(6,6000) OUT(4)
      GOTO 17
   15 WRITE(6,6000) OUT(2)
   17 CONTINUE
      WRITE(6,6010) UB
C
```

```
      IF(UB.LE.UB1) GOTO 22
      WRITE(6,6040) ERG(1),ERG(2),ERG(6)
      RETURN
   22 IF(UB.LT.UB2) GOTO 24
      WRITE(6,6040) ERG(1),ERG(3),ERG(6)
      RETURN
   24 IF(UB.LT.UB3) GOTO 26
      WRITE(6,6040) ERG(1),ERG(5)
      RETURN
   26 WRITE(6,6040) ERG(1),ERG(4),ERG(6)
      RETURN
C
 6000 FORMAT(1H ,2A10, 1X,4A10)
 6010 FORMAT(1H+,T20,F10.5)
 6020 FORMAT(1X,5HALPHA,T20,F10.5/)
 6030 FORMAT(1H0,29HANNAHME DER NULLHYPOTHESE !!!//)
 6040 FORMAT(1H0,A10,1X,2A10)
 6050 FORMAT(1H0,2A10//)
      END
```

C2. Beschreibung des Programms PARANK

1. Identifikation

PARANK: FORTRAN IV-Hauptprogramm von K. Sticker, Köln
(Stand Februar 1979)

2. Zweck und Methode

Tests auf partielle Unkorreliertheit von je drei aus $m \geq 3$ metrischen oder komparativen Merkmalen.

Die Tests werden vorgenommen anhand der exakten Stichprobenverteilungen partieller Stichprobenfunktionen nach SPEARMAN und/oder KENDALL. Wahlweise lassen sich exakte Über- (Unter-) schreitungswahrscheinlichkeiten berechnen oder die Rechenprozedur abbrechen, falls die Über- (Unter-) schreitungswahrscheinlichkeit der Stichprobenfunktion größer ist als ein vorgegebenes Signifikanzniveau α.

Für Stichprobenumfänge $n > 7$ empfiehlt sich, besonders bei weniger leistungsfähigen Anlagen, die Heranziehung approximativer Stichprobenverteilungen zum Testen der Hypothesen auf partielle Unkorreliertheit. Grundlage der approximativen Tests sind symmetrische PEARSON-Verteilungen, deren kontinuierliche Zufallsvariablen dieselben Stichprobenanfangsmomente 2. und 4. Ordnung aufweisen, wie die diskreten Stichprobenfunktionen.

3. Beschränkungen

Stichprobenumfang	$n \leq 30$
Anzahl der zu untersuchenden Merkmale	$m \leq 30$

4. Maschinenausstattung

CYBER 76 der CONTROL DATA CORPORATION mit 35.140_8 60-Bit-Worten SCM (S mall C ore M emory)

5. Eingabe

a) Titelkarte

Format : FMT

Spalten

1 - 80 TEXT Beliebiger Text zur Beschreibung der Untersuchung

b) Parameterkarte

Format : 3I2,1X,L1,2I2

Spalten

1 - 2 M Anzahl der zu untersuchenden Merkmale

3 - 4 N Stichprobenumfang

5 - 6 KENN Auswahl des Berechnungsverfahrens

< 0 = Stichprobenfunktion und Test nach KENDALL

> 0 = Stichprobenfunktion und Test nach SPEARMAN

7 - 8 ZWEISTG logische Variable

.TRUE. = zweiseitiger Test

.FALSE.= einseitiger Test

9 - 10 IAPROX Auswahl des Testverfahrens

0 = exakter Test

≠ 0 = approximativer Test, außer

3 = Auswahl durch das Programm

11 - 12 IVAR Spezifizierung der Beobachtungswerte

0 = Eingabe von Rangwerten (vom Typ INTEGER ohne Bindungen)

1 = Eingabe von Beobachtungswerten (vom Typ REAL, keine übereinstimmenden Beobachtungen in den Ausprägungen eines Merkmals)

c) Formatkarte

Spalten

1 - 80 FMT Eingabeformat

falls IVAR = 1, REAL-Format wählen

falls IVAR = 0, INTEGER-Format wählen

d) Datenkarte(n)

Format : FMT

d1) Eingabe der Variablenwerte (falls IVAR = 1)

VAR(K,I), K = 1, ..., N; I = 1, ..., M

d2) Eingabe der Rangwerte (falls IVAR = 0)

X(K,I), K = 1, ..., N; I = 1, ..., M

e) Steuerkarte für exakten Test

Format : D10.5

Spalten

1 - 10 DALPHA Signifikanzniveau α (in doppelt genauer Arithmetik)

1.D0 = Berechnen der exakten Wahrscheinlichkeit

< 1.D0 und

> 0.D0 = Abbruch der Testprozedur, falls exakte Wahrscheinlichkeit > DALPHA.

f) Steuerkarte zur Spezifizierung der Hypothese

Format : 3I2

Spalten

Spalten	Variable		
1 - 2	HYPO(1)	1.	Merkmal
3 - 4	HYPO(2)	2.	Merkmal
6 - 6	HYPO(3)	3.	Merkmal

HYPO(1) HYPO(2).HYPO(3) wählt aus den m eingelesenen Beobachtungsreihen drei aus und testet die Unkorreliertheit der Merkmale HYPO(1) und HYPO(2) unter Ausschaltung des Einflusses des Merkmals HYPO(3).

g) Fortsetzungskarte(n) bzw. EOF-Anweisung

Spalte

1 EOF-Anweisung (maschinenabhängiger Code)

ja = Beenden der Eingabe

nein = Spezifizierung einer neuen Hypothese nach Kartentyp f (Format 3I2)

6. Ausgabe

a) Eingabewerte

b) Untersuchte Rangreihen

c) Einfache Rangkorrelationen der Reihen
(HYPO(1), HYPO(2); HYPO(1), HYPO(3); HYPO(2), HYPO(3))

d) Spezifizierte Hypothese HYPO(1) HYPO(2).HYPO(3)

e) Testergebnisse:

- Testgröße (= Wert der Stichprobenfunktion)
- exakte Über- (Unter-) schreitungswahrscheinlichkeiten, Einordnung in Signifikanzstufen
- falls programmierter Testabbruch, Annahme der Nullhypothese auf vorgegebenem Signifikanzniveau α
- approximative Über- (Unter-) schreitungswahrscheinlichkeiten (Option), Einordung in Signifikanzstufen

7. Unterprogramme

AUSG	Ausgabe der Ergebnisse der exakten und/oder approximativen Tests
FAULT	Programmierte Fehlermeldungen bei Dateneingabe und Rechenprozedur
INTGRAL	Numerische Integration der Dichtefunktionen nach der Methode der fortgesetzten Halbierung (ROMBERG)
KENDALL	Testablauf nach KENDALLs partiellem $T_{12.3}$
LGAM	Logarithmierte Gammafunktion (nach PIKE/HILL, CACM-Algorithmus No. 291)
PAT	Berechnung der KENDALLschen partiellen Stichprobenfunktion
PERM	Erzeugen invers lexikographischer Permutationen (nach ORD-SMITH, CACM-Algorithmus No. 323)
RHO	Berechnen der einfachen SPEARMANschen Rangkorrelationen
SCORE	Speichern der KENDALL-Scores aller Paarungen von Rängen
SPEARM	Testablauf nach SPEARMANs partiellem $R^{*}_{12.3}$
TYPE2	Wahrscheinlichkeitsdichtefunktion des II. PEARSON-Typs
ZAEHL	Auszählen der einfachen KENDALLschen Rangkorrelationen

Literaturverzeichnis

BEST,D.J./GIPPS,P.G.: THE UPPER TAIL PROBABILITIES OF KENDALL'S TAU. APPLIED STATISTICS 23(1974), S.98-100.

BEST,D.J./ROBERTS,D.E.: THE UPPER TAIL PROBABILITIES OF SPEARMAN'S RHO. APPLIED STATISTICS 24(1975), S.377-379.

BUENING,H./TRENKLER,G.: NICHTPARAMETRISCHE STATISTISCHE METHODEN. BERLIN, NEW YORK 1978.

BUTTLER,G./STROH,R.: EINFUEHRUNG IN DIE STATISTIK - BESCHREIBENDE STATISTIK - EIN FORTBILDUNGSKURS IM MEDIENVERBUND. FRANKFURT 1976.

DANIELS,H.E.: THE RELATION BETWEEN MEASURES OF CORRELATION IN THE UNIVERSE OF SAMPLE PERMUTATIONS. BIOMETRIKA 33 (1944), S.129-135.

DAVID,F.N.: TABLES OF THE ORDINATES AND PROBABILITY INTEGRAL OF THE DISTRIBUTION OF THE CORRELATION COEFFICIENT IN SMALL SAMPLES. THE BIOMETRICA OFFICE, LONDON 1938.

DICKMANN,H.: SCHAETZUNG VON FUNKTIONALPARAMETERN DURCH SPEZIELLE FUNKTIONEN VON RANGVARIABLEN. WUERZBURG 1976.

ELDERTON,W.P.: FREQUENCY CURVES AND CORRELATION. LONDON 1953.

FISZ,M.: WAHRSCHEINLICHKEITSRECHNUNG UND MATHEMATISCHE STATISTIK. BERLIN 1976.

GAENSSLEN,H./SCHUBOE,W.: EINFACHE UND KOMPLEXE STATISTISCHE ANALYSE. MUENCHEN 1973.

GAYEN,A.K.: THE FREQUENCY DISTRIBUTION OF THE PRODUKT MOMENT CORRELATION COEFFICIENT IN RANDOM SAMPLES OF ANY SIZE DRAWN FROM NON-NORMAL UNIVERSES. BIOMETRIKA 38(1951), S.213-247.

GIBBONS,J.D.: NONPARAMETRIC STATISTICAL INFERENCE. NEW YORK, ST.LOUIS 1971.

GOODMAN,L.A.: PARTIAL TESTS FOR PARTIAL TAUS. BIOMETRIKA 46(1959), S.425-432.

GOODMAN,L.A./KRUSKAL,W.H.: MEASURES OF ASSOCIATION FOR CROSS-CLASSIFICATIONS. JOURNAL OF THE AMERICAN ASSOCIATION 49 (1954), S.747-754.

HAWKES,R.K.: THE MULTIVARIATE ANALYSIS OF ORDINAL MEASURES. AMERICAN JOURNAL OF SOCIOLOGY 76 (1970/71), S.908-926.

HOEFFDING, W.: A CLASS OF STATISTICS WITH ASYMPTOTICALLY NORMAL DISTRIBUTION. THE ANNALS OF MATHEMATICAL STATISTICS 19 (1948), S.293-325.

HOFLUND,O.: SIMULATED DISTRIBUTIONS FOR SMALL N OF KENDALL'S PARTIAL RANK CORRELATION COEFFICIENT. BIOMETRIKA 50(1963), S.520-522.

HOTELING,H./PABST,M.R.: RANK CORRELATION AND TESTS OF SIGNIFICANCE INVOLVING NO ASSUMPTIONS OF NORMALITY. THE ANNALS OF MATHEMATICAL STATISTICS 7 (1936), S.29-40.

KENDALL,M.G.: PARTIAL RANK CORRELATION. BIOMETRIKA 32 (1942) S.277-283.

KENDALL,M.G.: RANK CORRELATION METHODS. LONDON 1975.

KENDALL,M.G./STUART,A.: THE ADVANCED THEORY OF STATISTICS. VOL. 1. 4TH ED. LONDON 1976.

KOLLER,S.: ZUR PROBLEMATIK DES STATISTISCHEN MESSENS. ALLGEMEINES STATISTISCHES ARCHIV 40 (1956), S.316-340.

KOLLER,S.: TYPISIERUNG KORRELATIVER ZUSAMMENHAENGE. METRIKA 6-7 (1963), S.65-75.

LEHMANN,R.: GENERAL DERIVATION OF PARTIAL AND MULTIPLE RANK CORRELATION COEFFICIENTS. BIOMETRICAL JOURNAL 19, NO. 4 (1977), S.229-236.

LIENERT,G.A.: VERTEILUNGSFREIE METHODEN IN DER BIOSTATISTIK. BAND 1. MEISENHEIM AM GLAN, 1973.

MAGHSOODLOO,S.: ESTIMATES OF THE QUANTILES OF KENDALL'S PARTIAL RANK CORRELATION COEFFICIENT. JOURNAL OF STAISTICAL COMPUTATION AND SIMULATION 4(1975), S.155-164.

MOHIT KUMAR ROY: REMARK ON ALGORITHM 323. COLLECTED ALGORITHMS FROM THE ASSOCIATION FOR COMPUTING MACHINERY. NEW YORK 1972.

MORAN,P.A.P.: PARTIAL AND MULTIPLE RANK CORRELATION. BIOMETRIKA 38 (1951), S.26-32.

MUELLER,P.H.: LEXIKON DER STOCHASTIK. BERLIN 1975.

NUNNER,O.: ZUR BERECHNUNG DER VERTEILUNG DES SPEARMANSCHEN RANGKORRELATIONSKOEFFIZIENTEN UND ZUR FRAGE DER APPROXIMATION DIESER VERTEILUNG, IN: BERICHTE AUS DEM INSTITUT FUER STATISTIK UND VERSICHERUNGSMATHEMATIK UND AUS DEM INSTITUT FUER ANGEWANDTE STATISTIK DER FREIEN UNIVERSITAET BERLIN, HEFT 5. WUERZBURG 1968.

ORD-SMITH,R.J.: ALGORITHM 323. GENERATION OF PERMUTATIONS IN LEXICOGRAPHIC ORDER. COLLECTED ALGORITHMS FROM THE ASSOCIATION FOR COMPUTING MACHINERY. NEW YORK 1967.

PFANZAGL,J.: DIE AXIOMATISCHEN GRUNDLAGEN EINER ALLGEMEINEN THEORIE DES MESSENS. WUERZBURG 1962.

PIKE,M.C./HILL,I.D.: ALGORITHM 291. LOGARITHM OF GAMMA FUNCTION. COLLECTED ALGORITHMS FROM THE ASSOCIATION FOR COMPUTING MACHINERY. NEW YORK 1966.

PLOCH,D.R.: ORDINAL MEASURES OF ASSOCIATION AND THE GENERAL LINEAR MODEL. IN: MEASUREMENT IN THE SOCIAL SCIENCES. THEORIES AND STRATEGIES. BLALOCK,H.M. (ED.). CHICAGO 1974.

QUADE,D.: NONPARAMETRIC PARTIAL CORRELATION. IN: MEASUREMENT IN THE SOCIAL SCIENCES. THEORIES AND STRATEGIES. BLALOCK,H.M. (ED.). CHICAGO 1974.

SCHAEFFER,K.-A.: MEHRDIMENSIONALE STATISTISCHE ANALYSE VON STRASSENVERKEHRSUNFAELLEN. METHODEN UND ERGEBNISSE. UNVEROEFFENTLICHTES MANUSKRIPT,KOELN 1976.

SCHAEFFER,K.-A.: DEFINITIONEN, FORMELN UND TABELLEN ZU DEN VORLESUNGEN UND UEBUNGEN METHODENLEHRE DER STATISTIK III UND IV. UNVEROEFFENTLICHTES MANUSKRIPT, KOELN 1978.

SCHAICH,E.: SCHAETZ- UND TESTMETHODEN FUER SOZIALWISSENSCHAFTLER. MUENCHEN 1977.

SMIRNOW,W.I.: LEHRGANG DER HOEHEREN MATHEMATIK. BAND 3, TEIL 1. BERLIN 1976.

SMIRNOW,W.I.: LEHRGANG DER HOEHEREN MATHEMATIK. BAND 2. BERLIN 1977.

SOMERS,R.H.: THE RANK ANALOGNE OF PRODUCT-MOMENT PARTIAL CORRELATION AND REGRESSION, WITH APPLICATION TO MANIFOLD, ORDERED CONTINGENCY TABLES. BIOMETRIKA 46 (1959), S.241-246.

SOMERS,R.H.: AN APPROACH TO THE MULTIVARIATE ANALYSIS OF ORDINAL DATA. AMERICAN SOCIOLOGICAL REVIEW 33 (1968), S.971-977.

STEVENS,S.S.: MATHEMATICS, MEASUREMENT AND PSYCHOPHYSICS. IN: HANDBOOK OF EXPERIMENTAL PSYCHOLOGY, NEW YORK 1951.

STIEFEL,E.: EINFUEHRUNG IN DIE NUMERISCHE MATHEMATIK. IN: LEITFADEN DER ANGEWANDTEN MATHEMATIK UND MECHANIK, BAND 2. 5. AUFLAGE. STUTTGART 1976.

USPENSKY,J.V.: INTRODUCTION TO MATHEMATICAL PROBABILITY. NEW YORK - TORONTO - LONDON 1937.

VOGEL,F.: PROBLEME UND VERFAHREN DER NUMERISCHEN KLASSIFIKATION. HABILITATIONSSCHRIFT, KOELN 1973.

WEISS,H.R.: APPROXIMATIVE UND EXAKTE TESTS ZUR ANALYSE MEHRDIMENSIONALER KONTINGENZTAFELN. WUERZBURG 1978.

WETZEL,W.: STATISTISCHE GRUNDAUSBILDUNG FUER WIRTSCHAFTSWISSENSCHAFTLER. I. BESCHREIBENDE STATISTIK. BERLIN NEW YORK 1971.

WETZEL,W.: STATISTISTISCHE GRUNDAUSBILDUNG FUER WIRTSCHAFTSWISSENSCHAFTLER. II. SCHLIESSENDE STATISTIK. BERLIN NEW YORK 1973.